菩提甘露坊

释明生 ◎ 主编

斋菜

羊城晚报出版社
· 广州 ·

图书在版编目（CIP）数据

菩提甘露坊斋菜 / 释明生主编. —广州：羊城晚
报出版社，2013.2

ISBN 978-7-80651-987-5

Ⅰ．①菩…　Ⅱ．①释…　Ⅲ．①素菜—菜谱

Ⅳ．① TS972.123

中国版本图书馆CIP数据核字（2012）第262715号

菩提甘露坊斋菜

封面题字	释明生
菜品制作	王惠群
食疗分析	文红梅
项目统筹	谭红霞
摄　　影	朱复融　梁志芬

策划编辑	朱复融
责任编辑	高　玲　王思宇
责任技编	张广生
装帧设计	友间文化
责任校对	胡艺超
出版发行	羊城晚报出版社（广州市东风东路733号　邮编：510085）
	网址：www.ycwb-press.com
	发行部电话：（020）87133824
出版人	吴　江
经　　销	广东新华发行集团股份有限公司
印　　刷	佛山市浩文彩色印刷有限公司（南海区狮山科技工业园A区　邮编：528225）
规　　格	787毫米×1092毫米　1/16　印张11.25　字数180千
版　　次	2013年2月第1版　2013年2月第1次印刷
书　　号	ISBN 978-7-80651-987-5/TS・65
定　　价	45.00元

净一颗浮躁凡心

品一席美味素食

◎ 释明生

明生与星云大师赠佛礼

　　三斋多慧净，佛天有香缘。

　　广州民谚云："未有羊城，先有光孝"。坐落在广州的光孝寺是羊城年代最古、规模最大的佛教名刹，也是十方信众礼拜的圣地。寺内东北角开设一处浓缩了佛教禅宗文化和素食文化精华的素菜馆——菩提甘露坊。它是以食美、器美、环境美展现素食文化，以信众就餐布施的全部收入用于发展慈善事业的新平台。

　　素食能平衡身体，宁静心态，保持生态平衡。两千五百年前释迦牟尼根据慈悲和平的教义，由戒杀生、提倡放生到主张吃素。后世，佛教弟子践履着佛教众生平等、共生共荣、自他不二的生态伦理思想，在日常生活与修行实践中身体力行，精心维护着自然界的生态平衡，营造人与自然的和谐。佛教禅宗更是主张"明心见性，顿悟成佛"，修行要落实到人的行住坐卧、身口意业等方面，其中调理人的饮食也是行验的一个方面，所以祖师提倡喝茶食素，清凉身心，通过对身心的调理达到禅定的境界，从而能明心见性。

当今社会，生态环境受到极大破坏，现代人为了贪口福，过度地杀虐动物，致使生态失去平衡，环境受到破坏，自然界也给我们人类严厉地惩罚，"非典"、"禽流感"与莫名的疾病肆虐人民的生命。在这样的环境下，我们佛教人士有责任将素食文化普及到社会中去，使大家能认识到素食可以却病延年，善生保健，低碳减压，消除邪念，断绝杀机，消弭战祸，挽救世道人心；更可以服务国家生态文明建设与和谐社会建设，乃至维护世界和平。为此，无论从佛教的修行，还是从社会的普世价值等方面，提倡与落实素食文化都是功在当代，利及千秋。

羊城晚报出版社出版《菩提甘露坊斋菜》一书，是素食文化的一种传承，也是弘扬佛教多元文化的善举。本书所介绍的光孝禅寺菩提甘露坊的一些经典斋菜，形名雅合，寓有所据。祝愿各位读者慧心有会，有所受益，有所怡乐。

佛历2556年（西历2012年）中秋节于广州光孝寺

（主编现为中国佛教协会副会长，广东佛教协会会长）

一品菩提　百味归鲜　◎朱复融

　　南方的天气总是闷热的，加之工作与生活上的烦累，时时让人心生苦受。苦由心生，连食欲也受到了影响。怀佛得禅意，天下食为先。远离喧嚣，静品素斋，使人不仅得到一些心身的康宁，而且有一种快怡的体悟。

　　名刹有清食，慈心普渡航。

　　千年上斋秘，几觉味鲜长。

　　禅意妙烹式，素珍怡众方。

　　菩提甘露处，寻得一坊香。

　　这是我几年前来到被誉为"岭南丛林之冠"的光孝禅寺礼佛，在融佛家精化和中华传统文化为一体，处处展现着唯美人文的禅宗特色，以食美、器美、境美展现素食文化的寺内素食餐厅——菩提甘露坊吃素斋后即兴写的一首诗。在诗中，我对菩提甘露坊的素斋给予了赞美，如颂一朵自在灵慧的青莲，它让我从最初清心净口的一餐，到后来选择一种清新素净的生活方式。尤其是身处千年古刹之中，愈显幽静、祥和。除了味蕾的享受之外，更是一种心灵的洗涤。

世俗中，餐餐大鱼大肉已被今人视为不科学的餐饮习惯，由于肉类摄入过多而产生诸如肥胖、三脂高等"富贵病"，已经引起整个社会的关注。记得在20世纪80年代后期，流行着一本叫做《新美国饮食》的书，这本书曾掀起了一个时代的素食革命。当时美国有100多个民间素食团体相继成立，有超过1000万的美国人选择终身素食。在今天的中国和其他国家，素食主义者也越来越多，人类的饮食行为正发生巨大的变化，这不仅仅源于宗教情怀，更源于人类对人体自身、现实环境与生存的集体反思。而今，寺观、民间以及商业的素菜馆遍布世界各地，尤其在中国及海外华人社区更如雨后春笋般。所以，有人说，21世纪就是"新素食主义"世纪，素食正成为一种时尚而健康的美食。

俗语云：咬得菜根香，方知道中味。菩提甘露坊素斋，既保留传统素食的精华，又追求现代的风格；既体现色香味美，又讲究清净卫生、健康营养。一道道斋菜排开，皆是由当下时蔬及豆制品慧制而成，手工精致，味道鲜美。既有用地瓜、萝卜等雕刻而成的喜物形象，又有用面食加工制作而成的人物山水花鸟，造型逼真，巧夺天工。这些材料和美味浑然天成，凸显对大自然的敬意与灵感。佛光普照、五彩莲台、佛法蒲团、绿竹映翠、百年荟合、聚贤八宝汤、布袋禅机等，顿时让人食斋悟道，自结佛缘，心境平和，胃口大开。无论是菜点内涵还是充满禅意的菜肴名称，实物、形式与内容都达到了和谐一致，散发出浓郁的佛教文化气质。让老饕们确实领悟到"行善人生、淡泊自定，明心见性、幸福安详"的灵妙之意。在这些质朴的菜蔬食物中，感受一番陶冶性情、升华灵魂的境界，自有一种独特的雅趣。现在人们选择素斋，不再仅仅是一种饮食方式，更是一种新人生观和生活方式的提升。

静聆佛音，清享素斋，感受禅意，善哉，善哉！真可谓：
菩提每悟静如琴，甘露常滋芸众心。
清品素斋当馈玉，高山流水待知音。

2012年中秋于广州墨龟斋

（作者为中华饮食文化研究者，诗人，书评人，著有《中华养生茶典》、《中华养生食典》、《亚健康自然疗法》及诗文集《给天堂一个高度》、《别跟快乐过不去》等作品多部）

随着素食在全球的流行和推广，越来越多的人开始喜欢素食。这不仅是出于宗教情怀，而且是人类回归自然、回归健康、低碳生活、保护生态环境的必然趋势。

经过上千年的发展，我国的寺庙素斋加上民间的创新素斋，品种已达8000多种。广州光孝寺既是岭南禅宗文化的发源地，又是佛教经典素斋养生文化的弘扬道场。菩提甘露坊素斋既表现佛法对芸芸众生内心的发受与津润，又展示了佛教素食珍馐厚味中的天然鲜纯。品趣合一，营养美味，非常切合当下人们"绿色低碳，返璞归真，自然康美，尊重生命"的心愿。

有感于广州光孝寺在佛教领域的地位和菩提甘露坊素斋在食客中的口碑，我们与广州光孝寺菩提甘露坊合作出版了《菩提甘露坊斋菜》这本书，由中国佛教协会副会长、广东省佛教协会会长明生大师担纲主编。本书立足于佛教基本教理，是研究素食文化的开域之篇，是饮食养生与佛学智慧共融的精选佳品之作。本书分四季养生之春养肝、夏养心脾、秋养肺、冬养肾四部分，荟萃了150多道经典斋菜素点（包括素净斋菜和象形斋菜两部分。素净斋菜以清淡与营养为基准，象形斋菜为仿制菜式）。每道素斋分缘材理料、开法点示、食疗分析三个部分，加之配置精美的实图，力求给读者一本佛教文化、素斋文化与养生文化相结合的美食营养指导书。

本书是崇尚素菜饮食，期待自然、健康生活方式的人士及广大在业、在家居士和信众的最佳读物；也是宗教界、餐饮业、烹饪与旅游院校、专业素斋工作者的一部实用、专业的烹技最佳教材。

食素，为生命服务

光孝洒甘露，慈善满人间。

《大智度论》云："大慈，与一切众生乐；大悲，拔一切众生苦。"

为发扬佛教"慈悲济世"的优良传统，积极参与社会公益慈善事业，利益人群，由广东省民族宗教事务委员会倡导，广东省佛教协会与光孝寺联合发起筹办慈善中医诊所。在社会各界的鼎力支持下，光孝寺拨出500万元资金支持诊所的基础建设。经多方努力，一所面向下岗职工、五保户及残疾人等社会特困人群提供全免费医疗服务的"广东省佛教慈善中医诊所"终于在2004年12月28日隆重开业。为了使慈善中医诊所能够长期正常运行、广利众生，光孝寺方丈明生大和尚建议在光孝寺内开设菩提甘露坊素食馆，让广大信众在就餐吃素中体验健康理念，增长慈悲心，同时取素食馆十方信众就餐布施的收入用于慈善中医诊所的长期运作。

菩提甘露坊的取名源自纪念一千五百多年前，印度王子智药三藏从释迦佛成道处移植一树苗于光孝寺中，成为中国境内的第一棵菩提树，也是禅宗六祖慧能祖师在此落发受戒的圣树，菩提是梵语，译为觉悟与智慧之意；甘露象征观世音菩萨大慈大悲向人间挥洒法雨甘露，清净众生身、口、意三业，度化一切。可见菩提甘露坊就是践行佛教的智慧与慈悲之清净地，意义深远。

自2006年开业以来，甘露坊按照佛教的传统规制，采用纯天然植物原材料，巧花心思，精工细作，使材料和美味浑然天成，突显对大自然的敬意，深受社会大众和广大佛教徒的欢迎和赞誉。"就餐就是布施，吃饭即是行善"。菩提甘露坊的运作可谓一举多善，用餐信众既能成就自己的功德、广行布施，同时又能与社会困难的众生广结善缘，为这些需要帮助的人士伸出援助之手，奉献爱心，利益人群。如此善举，在现在矛盾突出的社会，有如甘露洒向纷繁喧闹的人间，慈悲济世、利乐有情。

目录

四季养生 · 夏养心脾

目录

四季养生·冬养肾

附录

四季养生总论

《素问·四气调神大论》中记载：夫四时阴阳者，万物之根本也。所以圣人春夏养阳，秋冬养阴，以从其根，故与万物沉浮于生长之门。逆其根，则伐其本，坏其真矣。『四时阴阳者，万物之根本也。』体现了天人相应的整体观，为四时养生理论的基础。春夏养阳，秋冬养阴是在春养生气，夏养长气，秋养收气，冬养藏气的基础上提出来的。因生长属阳，收藏属阴，故称。春夏养阳，即养生、养长；秋冬养阴，即养收、养藏。逆春气则少阳不生，肝气内变；逆夏气则太阳不长，心气内洞；逆秋气则太阴不收，肺气焦满；逆冬气则少阴不藏，肾气独沉。

中医藏象学认为，人体的五脏与五行及四时季节相对应，五脏肝、心、脾、肺、肾，分别对应五行木、火、土、金、水，对应的季节是春、夏、长夏、秋、冬。由此可见，不同的季节所需重点保养的脏腑也不同。春养肝，夏养心，长夏养脾，秋养肺，冬季应当以保养肾脏为主。

四季养生·春养肝

春季阳气初生，气候仍然寒冷，在饮食方面宜多食辛甘发散之品，不宜食酸收之味。故春季要选择一些柔肝保肝、疏肝解郁理气的中草药如枸杞、郁金、丹参、元胡、大枣等。食品选择辛温发散的豆豉、红枣、香菜、芥菜等辛辣之菜及生发的花生、豆芽、香椿、芹菜、胡萝卜、菠菜、金针菇等。

春天多食辛甘养阳食品，温补人体阳气，增强人体抵抗力及免疫力，只有这样才能抗御以春季风邪为主的邪气对人体的侵袭。

适当食用凉性食品，清除壅滞于脏腑的积热，如粉葛、知母、马蹄、麦冬、石斛、玉竹、鲜芦根、鲜藕等。

多食蔬菜如菠菜、荠菜、莴笋、芹菜、油菜、香椿芽、黑木耳、大白菜、柿子椒、胡萝卜、竹笋等。搭配补充津液的食物，春季人会有咽干、舌燥、皮肤粗糙、干咳等症，配食梨、甘蔗、蜂蜜、山楂等。

鲜牛蒡老火汤

【缘材理料】

鲜牛蒡400克，腰果50克，桂圆肉20克，花旗参20克，胡萝卜100克，莲子50克，蜜枣30克，马蹄50克，杞子20克，党参30克，精盐适量。

【开法点示】

①鲜牛蒡、胡萝卜、马蹄去皮洗净切成块状备用。
②将剩余食材洗净备用。
③将所有材料放入瓦煲煲3小时后调味即成。

【食疗分析】

牛蒡有疏风散热、宣肺透疹、解毒利咽等功效。加花旗参、胡萝卜、马蹄可增强其清热解毒润燥利咽之功效。牛蒡还可用于风热感冒、咳嗽痰多、咽喉肿痛等症。牛蒡还可促进排便，减少毒素废物在体内积存，可预防中风和防治胃癌、子宫癌，降低胆固醇等。配少许桂圆肉、莲子等补益扶正之品，可使邪去而正不伤。最宜春季饮用。

【缘材理料】

鲜淮山10克，南瓜100克，胡萝卜50克，鲜菇100克，青菜100克，水豆腐100克，姜、香菜少许，精盐、蘑菇精、香麻油适量。

【开法点示】

①鲜淮山、南瓜、胡萝卜切成薄片，鲜菇用手撕开过水备用。

②水豆腐切块，姜、香菜切成末备用。

③锅入少许花生油爆香姜末，注入适量清水煮沸，再加入所有材料煮5分钟，淋入香油即成。

五行蔬菜汤

【食疗分析】

此汤青红黄白黑五色齐全，对应自然的五行及人体的五脏。淮山健脾固肾力强；南瓜补中益肺气；胡萝卜益肝明目；蘑菇补脾开胃，化痰理气；水豆腐、青菜清心热除烦，利小便。五味合用，人体五脏得安。可用于脾虚泄泻、食少体倦、肺虚咳喘、心烦、消渴、肾虚尿频等症。还可增强免疫力，抗衰老，降血糖，是人见人爱的食疗佳品。春夏秋冬四季皆宜。

【食疗分析】

重用腰果，主渴去烦、润肺除痰；配竹笙、党参、花旗参、玉竹补气养阴，润肺止咳；淮山健脾；桂圆肉、杞子、当归补血。是气血双补，润肺止咳的大补汤。适用于气血阴液亏虚引起的各种病症。

【缘材理料】

腰果200克，竹笙100克，淮山100克，党参20克，花旗参10克，玉竹20克，桂圆肉10克，蜜枣20克，杞子10克，当归5克。

【开法点示】

①腰果用清水洗净。
②竹笙用清水发好备用。
③党参切成1厘米小段备用。
④当归剪碎。
⑤上述材料加清水4大碗大火煲1小时即成。

芦笋汤

【食疗分析】

芦笋有清热解毒、生津利水的功效；胡萝卜亦有利尿、抗炎、抗过敏的功效。合用于心血管病、心动过速、肾炎水肿、膀胱炎、排尿困难等病症。可全面地抗癌，适用于各种癌肿的治疗和预防。

【缘材理料】

芦笋200克，胡萝卜100克，蜜枣4粒，桂圆肉50克，杞子20克。

【开法点示】

①芦笋切段洗净备用。

②胡萝卜去皮洗净改刀备用。

③蜜枣、桂圆肉、杞子用清水洗净备用。

④将上述材料加适量清水煲1小时调味即成。

大智若愚

【 缘材理料 】

鸡腿菇12件，豆腐干50克，水豆腐1小块，马蹄3个，冬菇20克，冬笋20克，白胡椒粉少许，精盐少许，淀粉少许。

【 食疗分析 】

鸡腿菇味甘性平，有益脾胃、清心安神、治痔等功效，经常食用有助消化、增进食欲和治疗痔疮的作用。

【 开法点示 】

①将所有材料调好味加少许淀粉酿镶入鸡腿菇内，鸡腿菇切去两头，一分为二入蒸柜蒸10分钟。

②炒锅放油烧热，将蒸熟的鸡腿菇煎成两面金黄装盘。

③炒锅入少许油爆香姜蓉，加清水少许和酱油膏，调味料用老抽、湿淀粉，勾芡淋在鸡腿菇上即可。

④西兰花加调味料焯水至熟围盘装饰。

霞光万丈

【食疗分析】

生面筋有和中益气、解热、止烦渴、强筋的作用。尤适宜体虚劳倦、内热烦渴时食用。

【缘材理料】

生面筋500克，玉米粉100克，鲜柠檬1个，生抽、芥辣、冰粒适量。

【开法点示】

①生面筋用搅拌机打碎成泥状备用。

②将打碎的生面筋加入玉米粉、精盐用模具压成形入蒸笼蒸熟备用。

③将蒸熟的生面筋切成薄片备用。

④鲜柠檬切成薄片备用。

⑤冰粒打碎备用。

⑥将切好的③、柠檬片整齐摆放在打碎的冰粒上，入冰柜冻5分钟取出即成。

⑦跟生抽、芥辣即可上桌食用。

【缘材理料】

苹果3个，腰果50克，松子50克，鲜核桃仁50克，白果50克，马蹄50克。

【开法点示】

①苹果洗净，从苹果3/4水平切下苹果盖。

②用勺子等工具将苹果肉、核挖出，苹果肉备用。

③将苹果肉切丁加入炸好的腰果、松子、鲜核桃仁、白果丁、马蹄丁入锅炒香，装入苹果盅内即可。

四季平安

【食疗分析】

苹果有『记忆果』的美称。富含锌元素，有增进记忆、提高智力、降低胆固醇、宁神安眠及通便和止泻的功效。

【食疗分析】

猴头菇性平味甘，能利五脏、助消化、滋补、抗癌、治疗神经衰弱。是高血压、心血管疾病、胃病患者的理想食品。

 蜜汁猴头菇

【缘材理料】

鲜猴头菇300克，蜜糖、白砂糖、蘑菇精、湿淀粉适量。

【开法点示】

①鲜猴头菇切成块状焯水备用。

②将焯好水的鲜猴头菇拍上玉米粉入油锅炸成金黄备用。

③锅入少许清水，加入蜜糖、白砂糖、蘑菇精，用湿淀粉勾薄芡，将炸好的鲜猴头菇推均匀即成。

雀巢锦绣丁

【食疗分析】

主料米粉，性平味甘，辅以多种果蔬丁，富含维生素和蛋白质，共奏补血益气，健脾养胃，聪耳明目等功效。

菩提甘露坊斋菜

12

【缘材理料】

西芹丁10克，胡萝卜丁10克，沙葛丁10克，马蹄丁10克，青瓜丁10克，豆腐干10克，腰果30克，雀巢。（注：雀巢可用面条或米粉拍干淀粉，用不锈钢碗固定入油锅烧成形即可。）

【开法点示】

①炒锅加入适量清水煮沸放入上述材料焯水七成熟备用。
②豆腐干和腰果入油锅炸香备用。
③炒锅入少许油爆香姜蓉加入以上材料翻炒入味，盛入雀巢内装盘即成。

自然真趣

【选材理料】

生面筋500克，玉米粉100克，豆腐100克，冬菇10克，马蹄10克，胡萝卜丁10克，香菜10克，淀粉少许。

【开法点示】

①生面筋用搅拌机搅成泥状备用。

②将搅成泥状的生面筋加豆腐、玉米粉、少许精盐用模具压成形，入蒸柜蒸熟备用。

③将蒸熟成形的生面筋对半切开入油锅炸香备用。

④将材料加入调味料、淀粉炒好镶入③入蒸笼蒸熟备用。

⑤炒锅入油烧热，将蒸熟的④煎成两面金黄装盘。

⑥锅内留少许油爆香姜蓉、豆豉，加入酱油膏、老抽、调味料等勾芡淋在⑤上即成。

【食疗分析】

面筋性凉味甘，有宽中益气、解热止渴、消烦的功效。尤适宜体虚劳倦、内热烦渴时食用。

【食疗分析】

白菜性味甘平，有清热除烦、解渴利尿、通利肠胃的功效。经常吃白菜可防止维生素C缺乏症。

开卷有益

【缘材理料】

津白菜叶6张，冬菇丝50克，云耳丝50克，胡萝卜丝50克，豆腐干50克，金针菇50克，香芹50克，笋丝50克。

【开法点示】

①津白菜叶用滚水烫熟沥干水分备用。
②将材料加调味料炒香放在津白菜叶上卷起，入蒸柜5分钟取出装盘。
③锅烧热加少许花生油爆香姜蓉之后加入适量清水和调味料勾芡淋在白菜卷上即可。

【缘材理料】

鲜榨豆浆500克，鲜牛奶1杯，椰奶2小匙，糯米粉少许，淀粉少许，白砂糖少许，番茄酱1杯，青瓜1条。

【开法点示】

①鲜榨豆浆加入鲜牛奶、椰奶和糯米粉、淀粉、白砂糖搅匀入蒸柜蒸起胶备用。

②将蒸好的豆浆用汤匙挖起拍干淀粉入油锅炸成金黄色摆盘。

③番茄酱加少许清水、调味料勾芡淋在炸成形的材料上即成。

④青瓜围盘装饰即可。

【食疗分析】

豆浆营养丰富，且易于消化吸收，是防治高血脂、高血压、动脉硬化、缺铁性贫血、气喘等疾病的理想食品。

火树银花

清蒸三素

【缘材理料】

冬菇200克，豆腐1块，莴笋200克，豆腐干200克，上海青6棵（约150克）。

【开法点示】

①冬菇焯熟切成相等长方形备用。
②豆腐切成和冬菇相等长方形备用。
③豆腐干同样切成长方形入油锅炸香备用。
④莴笋切成和以上材料相等长方形用滚水焯熟。
⑤将以上材料依次排列好入蒸笼蒸几分钟取出。
⑥炒锅入少许花生油爆香姜蓉加少许清水、调味料勾芡淋在菜上即成，上海青围盘装饰即可。

【食疗分析】

冬菇、豆腐、莴笋共蒸食，可补清兼顾。健脾益胃、消积下气；利尿通乳；强壮机体、防癌抗癌；宽肠通便。适于春秋冬季节食用。

万千银丝

【食疗分析】

粉条里富含碳水化合物、膳食纤维、蛋白质、烟酸和钙、镁、铁、钾、磷、钠等矿物质，营养丰富，柔润嫩滑，爽口宜人。

【缘材理料】

粉丝400克，五香豆干丝20克，冬菇丝20克，胡萝卜丝20克，笋丝20克，绿豆芽30克，芝麻10克。

【开法点示】

①粉丝用清水浸泡半小时沥干水分备用。

②沥干水的粉丝加调味料、生抽、老抽捞好备用。

③烧热炒锅加适量花生油炒香五香豆干丝、冬菇丝、胡萝卜丝、笋丝、绿豆芽，加入粉丝快速翻炒至闻到香味起锅装盘，撒上炒熟的白芝麻即成。

高山菜500克，雪菜50克，云耳丝50克，胡萝卜丝50克，五香豆干丝50克，姜丝50克。

①高山菜切成大小一致的形状入锅加调味料焯水捞起备用。

②雪菜、云耳丝、胡萝卜丝、五香豆干丝入锅加生抽炒好备用。

③取一小竹蒸笼铺上茶叶再依次排好高山菜，将②铺在高山菜上撒上姜丝入蒸柜蒸5分钟取出，淋上香油即成。

荷香高山菜

【食疗分析】

高山菜即娃娃菜，性寒味甘，有清热除火、生津止渴、解毒、养胃、利尿消肿、通便的功效，也有助于预防结肠癌。

 一帆风顺

【食疗分析】

菠萝有帮助消化蛋白质、酸解脂肪、治支气管炎等功效，可用于消除感冒、减肥、美容、保健。

【缘材理料】

菠萝1只，西芹丁50克，菠萝果肉丁50克，白豆腐干50克，青瓜丁50克，胡萝卜丁50克，马蹄丁50克。

【开法点示】

①从菠萝3/4水平横切1/4菠萝盖，再用小刀挖出3/4菠萝果肉，使菠萝成船状备用。

②将所有材料入锅加调味料翻炒勾芡镶入菠萝船内装盘摆饰即成。

金瓜蒲团

【缘材理料】

金瓜1个（约1000克），鲜莲子150克，桂圆肉20克，红枣20克，百合20克，杞子10克。

【开法点示】

①金瓜去皮切成片状依次排列在碗内备用。

②鲜莲子、百合过水捞起和桂圆肉、红枣、杞子加少许冰糖放入金瓜碗内入蒸笼蒸熟取出。

③取一大圆碟将金瓜反扣过来，金瓜朝上面，鲜莲子等材料在金瓜下面摆饰备用。

④锅入少许花生油炒香姜末再倒入蒸金瓜碗内的汤汁加调味料勾芡淋在金瓜上即成。

【食疗分析】

金瓜补中益气、消炎止痛、解毒杀虫。合用莲子、百合、桂圆等，可养心宁神、补气补血、滋养肝肾。对老年人高血压、冠心病、肥胖症有较好的疗效。

青霞滋味

【食疗分析】

桂圆肉补益心脾、养血安神、敛汗止泻。用于头昏、心悸失眠、贫血、健忘、脾虚泄泻、产后水肿。淋上菠菜汁可增强补血、助消化的功能。

【缘材理料】

桂圆肉适量，菠菜400克，芥辣1支，青瓜1条，夏威夷木瓜1/8个。

【开法点示】

①桂圆肉入锅过水用调味料腌5分钟，拍干淀粉裹脆浆入油锅炸成金黄色备用。

②青瓜切片垫底摆上炸好的桂圆肉，木瓜改刀装饰。

③菠菜用榨汁机榨成菠菜汁备用。

④锅入少许花生油炒香少许姜蓉加入菠菜汁、芥辣调味勾芡淋在桂圆肉上即成。

欧式素扣

【缘材理料】

五香豆干300克，马蹄50克，豆腐50克，西芹粒50克，香菜切末50克，咖喱酱1支，意面300克。

【开法点示】

①五香豆干直刀切块成厚薄一致的圆形入锅控油炸好备用。

②马蹄、豆腐用刀压碎加入西芹粒、香菜末调味搅拌均匀放在炸好的五香豆干片上入蒸柜蒸10分钟取出。

③起锅烧热油再放入蒸好的材料炸成金黄色装盘待用。

④咖喱酱加椰奶、三花淡奶调味入锅勾荧淋在材料上即成。

⑤锅烧沸水将意面煮熟调味围盘装饰即成。

【食疗分析】

五香干含丰富蛋白质、卵磷脂和矿物质。适宜身体虚弱、营养不良、气血双亏、年老羸瘦之人及高脂血症、高胆固醇、肥胖者及血管硬化者食用。

双喜临门

【缘材理料】

红薯300克，魔芋300克，青瓜1小段，脆浆300克，白芝麻200克，椒盐200克。

【开法点示】

①红薯去皮切成大小一致的条状入锅焯水捞起拍湿淀粉沾上白芝麻备用。

②魔芋焯水捞起加调味料腌10分钟，拍干淀粉裹脆浆入油锅控油炸成金黄色撒上椒盐装盘。

③将沾满白芝麻的红薯条入油锅控油炸好装盘。

④青瓜改刀围盘装饰即成。

【食疗分析】

红薯富含β－胡萝卜素、维生素C、维生素B₆、叶酸；魔芋是碱性食品。两者起抗癌、预防心血管疾病、预防肺气肿、抗糖尿病及减肥健身的功效。

【 缘材理料 】

豆腐干400克，素红椒切片100克，香芹100克，黑椒汁300克，香菜适量。

【 开法点示 】

①锅入油将豆腐干炸成金黄色捞起备用。

②铁板烧热，淋少许香油炒香青红椒片、香芹，再放入炸好的豆腐干，淋上黑椒汁焗片刻撒上香菜即成。

 铁板上素

【 食疗分析 】

豆腐干营养价值高，可防止血管硬化，预防心血管病，保护心脏；补钙，防止骨质疏松，促进骨骼发育，对小儿、老人的骨骼生长极为有利。

咖喱支竹

【食疗分析】

支竹具有清热润肺、止咳消痰的功效。可预防心血管疾病；补充钙质，对促进小儿骨骼生长、防止老人的骨质疏松有利；对缺铁性贫血亦有疗效。

【缘材理料】

鲜支竹400克，香菇50克，青红椒片30克，咖喱膏100克，椰奶50克，花奶50克，精盐、白砂糖适量。

【开法点示】

①鲜支竹切段拍干淀粉入油锅炸成金黄色备用。

②锅留少许油爆香香菇、青红椒片加适量清水、咖喱膏、椰奶、花奶再放入炸好的鲜支竹调味即成。

瑞雪丰年

【食疗分析】

内酯豆腐可祛脂降压、通乳生乳、解毒、抑癌抗瘤。适合高脂血症、高胆固醇、肥胖者及血管硬化者，糖尿病人，妇女产后乳汁不足者。

【缘材理料】

内酯豆腐1盒，日本萝卜200克，胡萝卜50克，金瓜100克，白糖50克，精盐适量，蘑菇精50克。

【开法点示】

①内酯豆腐从包装整块取出装盘入蒸柜蒸10分钟取出备用。

②日本萝卜切成大小一致的片备用。

③胡萝卜切成米粒状备用。

④将日本萝卜片依次排列在内脂豆腐上待用。

⑤金瓜入蒸笼蒸熟，用搅汁机搅成瓜蓉状备用。

⑥锅入少许花生油加适量清水再倒入瓜蓉调味，勾芡淋在内脂豆腐的周围再撒上胡萝卜粒即成。

咖喱什蔬

【食疗分析】

菜花、西兰花等多种蔬菜拌咖喱，营养又美味。可清热解渴，瘦身减肥，美容抗衰老，增强机体抵抗力，防癌抗癌，降糖降脂。

【缘材理料】

椰菜花100克，西兰花100克，土豆100克，莴笋100克，香菇50克，青红椒片30克，和姜50克，香芹50克，咖喱膏100克，蘑菇精100克，白砂糖50克，椰奶、花奶适量。

【开法点示】

①土豆切片入锅炸熟和椰菜花、西兰花、莴笋加少许调味料入锅焯水至熟捞起备用。

②锅入少许花生油炒香姜末、香芹、香菇、青红椒片，加少许清水放入咖喱膏、白砂糖、椰奶、花奶，再放入杂蔬翻炒调味即可装盘。

【缘材理料】

莲藕100克，云南小瓜100克，莴笋100克，胡萝卜100克，五香豆干100克，腰果50克，红黄彩椒100克，精盐、白砂糖、蘑菇精、麻油各适量，姜少许。

【开法点示】

①将莲藕、红黄彩椒、云南小瓜、莴笋、胡萝卜改刀切成条状入锅焯水待用。

②五香豆干切成条状入锅炸香，腰果控油温炸香备用。

③锅入少许花生油炒香姜末放入以上材料加调味料翻炒勾芡即可盛盘。

五彩莲台

【食疗分析】

红白青黄粉五色蔬菜组合，色泽明亮，营养丰富。有止血、健脾胃、解毒通便、抗病毒、防癌抗癌之效。利于肝病、肥胖症、糖尿病和便秘者。

【食疗分析】

豆干中含丰富蛋白质、卵磷脂、多种矿物质。

适宜身体虚弱、营养不良、年老羸瘦之人及高脂血症、肥胖者及血管硬化者食用。

【缘材理料】

豆干300克，云耳50克，芦笋50克，西兰花50克，香芹50克，青红椒30克，芝士片1块，姜少许，白糖、精盐、蘑菇精、椰奶各适量。

【开法点示】

①豆干切片入锅炸成金黄色捞起控油备用。

②芦笋切片和云耳、香芹、青红椒入锅翻炒调味盛在盘里待用。

③锅入少许花生油炒香姜末加适量清水煮开再放入芝士片、豆干、调味料调味勾芡倒在②上即可。

④西兰花焯水调味至熟围盘装饰即可。

仁者心动

【缘材理料】

豆制品适量，姜100克，青红椒30克，香芹、香菜适量，咖喱膏200克，椰奶、花奶适量，精盐、糖适量。

【开法点示】

①豆制品入油锅炸至金黄色捞起改刀备用。

②锅入少许花生油炒香姜末、青红椒，加入适量清水和咖喱膏、椰奶、花奶调味勾芡备用。

③取一铁板用锡纸铺好烧热，放上豆制品再倒入咖喱汁即可。

【食疗分析】

咖喱性温味辣，可增加胃肠蠕动，增进食欲，改善便秘；促进血液循环，发汗；抑制癌细胞；预防老年痴呆症。凉性豆制品放入其中，益气和中的功效更佳。

酥皮金瓜

【食疗分析】

金瓜经烘烤后色香味更佳。可补中益气、消炎止痛、解毒杀虫，对老年人高血压、冠心病、肥胖症等，有较好的疗效。

【缘材理料】

金瓜1/2个，面粉200克，糖适量，芝士片2片，马蹄50克，菠萝50克，酱油膏、鲜牛奶适量，老抽适量。

【开法点示】

①金瓜改刀成大小一致的8份入蒸柜蒸熟取出备用。

②面粉加适量清水、糖搅成糊状依次铺在芝士片和金瓜上入烘炉烘成金黄色取出装盘。

③锅留少许油加清水、酱油膏、鲜牛奶、马蹄、菠萝，老抽调味勾芡淋在烘好的金瓜上即成。

【缘材理料】

芦笋6条，苹果1个，土豆1个，香菇1朵，豆腐干200克，豆腐1块，沙葛50克，胡萝卜50克，西芹50克，马蹄50克，酱油膏、蘑菇精、糖、椒盐、老抽适量。

【开法点示】

①豆腐干切成薄片状入油锅轻炸捞起备用。

②将沙葛、胡萝卜、西芹、马蹄切碎和豆腐一起加少许淀粉调味搅匀涂在豆腐干片上，再卷起芦笋入蒸柜蒸5分钟取出摆盘。

③香菇用酱油膏、蘑菇精、糖煨好捞起摆盘，汁勾芡淋在芦笋卷上即成。

④土豆切条状拍干淀粉入油锅炸熟，撒椒盐摆盘即可。

芦笋素卷

菩提甘露坊斋菜

32

【食疗分析】

豆腐搭配芦笋，可使大豆蛋白中所缺的蛋氨酸得到补充，人体能充分吸收利用豆腐中的蛋白质。两者合用，益气补虚，增加免疫力，抗癌疗效更佳。

钵里琼浆

【食疗分析】

芦笋有清热解毒、生津利水的功效。常食用对心血管病、疲劳症、肾炎水肿、膀胱炎等病有疗效。是一种全面的抗癌食品，对治疗淋巴腺癌、膀胱癌、肺癌、皮肤癌和白血症有极好的疗效。

【缘材理料】

芦笋400克，香芋200克，生姜50克，椰奶100克，花奶100克，糖、盐适量。

【开法点示】

①芦笋切段入锅加调味料翻炒装盘备用。
②香芋切片入蒸笼蒸熟，加椰奶、花奶用搅拌机打芋蓉状备用。
③锅入少许花生油炒香姜末加入芋蓉调味淋在炒好的芦笋上即成。

玉子豆腐400克，面粉
200克，发酵粉适量，淀
粉100克，椒盐100克，
姜、青红椒30克。

①玉子豆腐切段备用。
②面粉加适量清水、发酵粉、少许花生油
搅拌均匀，再将玉子豆腐放入挂糊入油锅
炸成金黄色即可装盘待用。
③锅留少许花生油炒香姜末、青红椒粒和
椒盐拌匀撒在炸好的玉子豆腐上即成。

菩提甘露坊斋菜

34

三宝归圆

【食疗分析】

玉子豆腐能祛脂降压、
通乳生乳、解毒、抑癌
抗瘤。有控制血压、补
气血、生乳作用；有清
理体内毒素、增进身体
健康、抑制癌细胞生长
的作用。

艺林荟萃

【缘材理料】

杏鲍菇400克，青瓜100克，红黄彩椒100克，姜50克，黑椒汁100克，盐、糖适量。

【开法点示】

①杏鲍菇用卤水卤好取出改刀切成条状拍干淀粉入油锅炸好备用。

②青瓜去皮切成条状，红黄彩椒切成条状备用。

③锅入少许花生油炒香姜丝再放入炸好的杏鲍菇、青瓜条、红黄彩椒条翻炒，加入黑椒汁、调味料再翻炒几下淋上香麻油即可装盘。

【食疗分析】

杏鲍菇营养丰富，能提高人体免疫功能，具有抗癌、降血脂、润肠助消化、防止心血管病及美容的作用。

芙蓉木瓜

【食疗分析】

木瓜具有平肝和胃、消食驱虫、清热、祛风舒筋的功效。主治胃痛、消化不良、肺热干咳、乳汁不通、湿疹、寄生虫病、手脚痉挛疼痛等病症。

【缘材理料】

夏威夷木瓜1个，椰奶、牛奶、淀粉、糖适量，西红柿50克，茄汁适量。

【开法点示】

①将木瓜横切3/4取木瓜盖再将木瓜内果肉挖出备用。
②将加工好的木瓜入柜蒸几分钟取出摆盘备用。
③椰奶、牛奶加淀粉、糖入柜蒸成糕状透凉备用。
④木瓜果肉、西红柿切丁加茄汁搅均匀备用。
⑤将适量的椰糕用汤匙挖出放入蒸好的木瓜内，再淋上木瓜果肉、西红柿即可。

【缘材理料】

方形面包300克，香蕉2根，炼奶100克，湿淀粉100克。

【开法点示】

①方形面包改刀切成厚薄相等的片共8片入蒸柜蒸2分钟取出。

②香蕉改刀切和面包长度相等的条状，再用面包沾湿淀粉卷起入油锅快速炸好装盘即成。

③炼奶倒入味碟摆在盘边即可。

 甘露香酥

【食疗分析】

香蕉被称为『快乐食品』，能帮助大脑制造一种能刺激神经系统的物质，给人带来欢乐、平静的信号，甚至还有镇痛的效用。香蕉含有较多的能降低血压的钾离子，可防止高血压。常食不仅有益于大脑，预防神经疲劳，还有润肺止咳、防止便秘的作用。

【缘材理料】

冬菇、云耳、胡萝卜、金针菇各适量，澄面、姜、盐、蘑菇精、糖、酱油膏、花椒、生粉各适量。

【开法点示】

①冬菇、云耳、胡萝卜、金针菇切粒炒好备用。
②将澄面、生粉烫熟搓匀。
③将烫熟的澄面取出一小部分，用面棍搞成纸那样薄的圆块，包入炒好的①。包成像花一样再入胡萝卜粒蒸熟上碟即可。

金菇云耳饺

【食疗分析】

金针菇被誉为『益智菇』，能促进儿童智力发育和骨骼、牙齿的生长，对儿童生长发育大有益处；黑木耳具有益气润肺、补脑轻身、凉血止血、活血养颜等功效。共同预防和治疗肝脏病及胃、肠道溃疡，心脑血管疾病。

蜂巢糕

【食疗分析】

蜂蜜有促进心脑血管功能、护肝、消除疲劳、增强抵抗力、养心安神及润肠通便的作用。常用于心血管病人、脂肪肝者，可补充体力，治疗失眠。

【缘材理料】

低筋面粉750克，水1250克，蜂蜜400克，炼奶200克，泡打粉30克，食粉50克，糖1250克，油100克。

【开法点示】

①将水、蜂蜜、炼奶、糖搅成水备用。
②将低筋面粉、泡打粉、食粉放在一起搅匀，再把①放入，搅好后放在盆里，盆里要放油纸，静置15分钟。
③将搞好的②放入烤箱里面高火153℃、低火135℃烤4个小时关火。
④把烤好的蜂巢糕切成一块块上碟即可。

四季养生·夏养心脾

入夏后，暑气日渐旺盛，光照强烈，酷热难消，昼长夜短。特别是进入三伏天后，暑热蒸腾。夏季炎热多雨，有暑气挟湿的气候特点。

所以，夏季饮食的调养非常重要。

夏（立夏到小暑）养心；长夏（小暑到立秋）养脾。《素问·藏气法时论》曰：心主夏，『心苦缓，急食酸以收之』。夏时心火当令，中医认为此时宜多食酸味，以固表，多食咸味以补心；多食苦味以泻心火。脾主长夏（就是暑热过去，开始下雨的那一段时间）。脾为『后天之本』，喜燥恶湿。

长夏最大的特点是湿气太重，脾脏怕湿喜燥。

夏季多吃养心健脾、解暑化湿的食物。适宜夏季吃的豆类有绿豆、白扁豆、荷兰豆、红豆、豌豆几种，这些豆子，均可除湿健脾。药食两用的白术、山药、鲜莲子、薏仁也有同等作用。瓜果类：西瓜、草莓、木瓜、哈密瓜等。蔬菜类：冬瓜、黄瓜、苦瓜、番茄、丝瓜、豆腐、西红柿、生菜、芥菜、菱角等。夏季气温高，人体丢失的水分比其他季节要多，必须及时补充。蔬菜中的水分，是经过多层生物膜过滤的天然、洁净、营养且具有生物活性的水，是任何工厂生产的饮用水所无法比拟的。

夏季可多食温粥类，既生津止渴、清凉解暑，又能补养身体，如赤小豆粥、莲子粥、冬瓜粥、银耳粥、玉米粥、百合粥等。少量喝冷饮西瓜汁、绿豆汤、乌梅小豆汤，能帮助体内散发热量，补充体内水分、盐类、维生素，可起到生津止渴、清热解暑的作用。

有所下降，各种疾病也易乘虚而入。

季炎热多雨，有暑气挟湿的气候特点。因夏日酷热，人的食欲普遍减退，加之睡眠和休息较少，体质

【缘材理料】

芦荟50克，玉米50克，金瓜50克，小米20克，马蹄20克，雪耳50克，精盐适量，湿淀粉、蘑菇精适量。

【开法点示】

①芦荟去皮切成米粒状焯水备用。
②玉米、小米加清水蒸熟备用。
③马蹄、雪耳切成米粒状备用。
④金瓜去皮蒸熟用搅拌机打成瓜蓉备用。
⑤清水入锅加少许精盐煮沸，加入以上材料，淀粉勾芡即成。

养颜芦荟羹

【食疗分析】

芦荟有解毒消炎、健胃泻下通便、美容护肤、防晒保湿、增强人体免疫力的功效。是排毒养颜的首选。

野生杂菌汤

【缘材理料】

野生干茶树菇100克，草菇100克，花生仁50克，莲子50克，眉豆50克。

【开法点示】

①茶树菇切段洗净备用。
②草菇用清水浸泡10分钟洗净备用。
③花生仁、莲子、眉豆用清水浸泡1小时备用。
④茶树菇、草菇入锅加生姜、生抽炒香备用。
⑤将所有材料加4大碗清水煲2小时即成。

【食疗分析】

野生的茶树菇，有补肾滋阴、健脾开胃、提高人体免疫力的功效；草菇有清热解暑、补脾益气、降压的功效。合用于暑热烦渴，体质虚弱，头晕乏力等症，还可抗衰老美容，抗癌的作用尤其突出。是优良的食药两用的营养保健食品。

【缘材理料】

玉米1条，腰果200克，胡萝卜100克，马蹄100克，精盐、蘑菇精少许。

【开法点示】

①玉米去衣切件备用。
②胡萝卜、马蹄去皮改刀备用。
③腰果用清水浸泡10分钟洗净备用。
④将以上材料加适量清水，大火煲1小时调味即成。

 玉米腰果汤

菩提甘露坊斋菜

44

【食疗分析】

玉米有开胃健脾、除湿利尿等作用；腰果主渴去烦、润肺除痰。合用主治腹泻、消化不良、咳逆、水肿、心烦、口渴等症。

碧瓜绿带汤

【食疗分析】

冬瓜、海带、绿豆同用，有润肺生津、止渴清热祛暑、化痰平喘、利尿消肿、解毒排脓、通便的功效。用于暑热口渴、痰热咳喘、水肿、胀满、消渴、疔疮肿毒、乳癖、面斑等症。是解暑佳品，最宜夏季饮用。体质虚寒的人不能频繁饮用。

【缘材理料】

冬瓜200克， 海带200克，绿豆200克，姜、精盐、蘑菇精适量。

【开法点示】

①将冬瓜洗净切成块备用。

②海带洗净切成段备用。

③绿豆用清水泡5小时备用。

④锅入少许花生油爆香姜末，注入适量清水烧开，再将所有材料放入煲2小时后调味即成。

青瓜烙

【食疗分析】

青瓜具有除热、解毒、清热利尿及美容保健的功效。适用于烦渴、咽喉肿痛、火眼、烫伤症。

【缘材理料】

青瓜300克，地瓜粉200克，玉米粉50克，萝卜干50克，花生仁50克，香芹、香菜适量，白砂糖、蘑菇精适量。

【开法点示】

①青瓜切丝加入地瓜粉、玉米粉和切碎的萝卜干、花生仁、香芹、香菜末，加少许清水、白砂糖、蘑菇精搅拌好备用。

②锅烧热加入适量花生油，将以上材料入锅慢火煎成两面金黄即可切件装盘。

大圆镜智

【缘材理料】

豆腐350克，面粉100克，鲜淮山200克，寿司紫菜2片，木瓜、西红柿、菠萝、酸梅酱、糖醋适量。

【开法点示】

①鲜淮山洗净连皮入蒸柜蒸熟备用。

②将蒸熟的鲜淮山去皮压成泥状备用。

③将淮山泥和豆腐、面粉加少许精盐一起搅拌，再用模具压成形备用。

④寿司紫菜片用剪刀剪成条状圈在③周围入蒸笼蒸10分钟，取出后拍玉米粉入油锅炸成两面金黄备用。

⑤木瓜、西红柿、菠萝切粒加入酸梅酱、糖醋入锅煮沸勾芡备用。

⑥将勾好芡的酸甜汁淋上炸好的④即成。

【食疗分析】

豆腐可补中益气、清热润燥、生津止渴、清洁肠胃，有增加营养、帮助消化、增进食欲及防治骨质疏松症的功效。

万事如意

【食疗分析】

黑米、红米、小米、腰果性味多甘温，有补虚健脾益胃、补血益肾、延年益寿等功效。少佐绿豆、薏米、玉米性凉之品，防补而不燥。

菩提甘露坊斋菜

48

【缘材理料】

黑米、红米各50克，红腰豆100克，玉米粒50克，绿豆50克，薏米50克，鲜毛豆50克，金瓜100克，小米50克。

【开法点示】

①将黑米、红米、红腰豆、玉米、绿豆、薏米、小米洗净入蒸笼蒸熟备用。

②鲜毛豆入锅加调味料焯水至熟备用。

③金瓜切片入蒸柜蒸熟，取出打成糊状备用。

④炒锅放入少许花生油加清水、调味料煮开金瓜蓉勾芡倒入材料上即成。

【缘材理料】

鲜淮山500克，西兰花4小朵，生抽、白砂糖、老抽、精盐少许。

【开法点示】

①将淮山连皮入蒸柜蒸熟备用。
②将蒸熟的鲜淮山去皮切成小段一分为二备用。
③西兰花焯水备用。
④生抽、白砂糖加适量清水入锅勾芡备用。
⑤将成段的鲜淮山装入盘中烹上生抽即成。
⑥西兰花围盘装饰。

鲜汁扣淮山

【食疗分析】

山药具有补脾益肾、养肺敛汗、固肾益精、止泻、增强抵抗力之功效。适合脾虚泄泻、食少浮肿、肺虚咳喘、消渴、带下、肾虚尿频者食用。

碧芥豆卜

【食疗分析】

芥菜有宣肺豁痰、利气温中、解毒消肿、开胃消食、明目利膈的功效。用于咳嗽痰滞、胸膈满闷、疮痛肿痛、牙龈肿烂、便秘等病症。

【缘材理料】

芥菜400克，豆卜200克，草菇50克，生姜30克，花奶50克，胡椒粉、盐、糖、蘑菇精适量。

【开法点示】

①芥菜切块入锅焯水备用。

②锅入少许花生油炒香姜片、草菇，加入适量清水再放入芥菜、豆卜煮10分钟，加胡椒粉、花奶调味即可。

菩提粟米烙

【缘材理料】

鲜粟米粒300克，鲜毛豆100克，淀粉200克，白砂糖100克，炼奶100克。

【开法点示】

①鲜粟米粒和鲜毛豆入锅焯水捞起控干水分，加入白砂糖拌匀再加入淀粉拌匀待用。

②锅烧热，加入1000毫升花生油烧成高温盛起待用。

③将粟米粒和鲜毛豆放入锅内铺平压实，再慢慢倒入事先烧好的高温花生油炸3分钟，使粟米粒成饼状，捞起控油切件装盘即成。

④炼奶跟味碟上即可。

【食疗分析】

玉米性平、味甘淡；归脾、胃经。可益肺宁心、健脾开胃、利水通淋；对于防癌、降胆固醇、预防心脏病、健脑有一定功效。

秘制豆腐

【食疗分析】

豆腐高蛋白、低脂肪，有降血压、降血脂、降胆固醇的功效。是老幼皆宜，养生摄生、益寿延年的美食佳品。

【缘材理料】

鲜腐皮1张，豆腐2块，冬菇20克，马蹄20克，鲜冬笋丁20克，香菜、芹菜末少许。

【开法点示】

①鲜腐皮摊开抹上少许花生油或香油放在盘中备用。

②豆腐用汤匙搅碎加入炒香的冬菇丁、马蹄丁、鲜笋丁和香菜末加调味料搅拌均匀，放入鲜腐皮上包成长方形入蒸柜蒸熟备用。

③锅内少许花生油加入清水、调味料勾芡淋在蒸熟的材料上撒上芹菜末即成。

【缘材理料】

内酯豆腐1盒，马蹄50克，冬菇丁50克，青红椒粒50克，香菜适量。

【开法点示】

①内酯豆腐切成丁状用开火加少许精盐浸泡5分钟捞起控干水分备用。

②锅下少许花生油爆香姜蓉和所有材料加清水适量，椰奶2汤匙，三花淡奶2汤匙，用调味料调好味，适量湿淀粉勾芡，再将内酯豆腐放入，轻轻地推匀装入事先烧热的石锅内撒上香菜末即成。

【食疗分析】

内酯豆腐性凉味甘，质地细嫩，口感好。有祛脂降压、通乳生乳、解毒、抑癌抗瘤的保健功效。

 石锅豆腐

雪菜毛豆

【食疗分析】

雪菜可解毒消肿、开胃消食、温中利气。毛豆有健脾宽中、润燥消水、清热解毒的功效。主治疮痈肿痛、胸膈满闷、牙龈肿烂、食欲不振与全身倦怠、便秘等症。

菩提甘露坊斋菜

54

 【缘材理料】

鲜毛豆300克，雪菜300克，豆腐干20克，冬菇丁20克，青红椒丁各10克。

 【开法点示】

①鲜毛豆、雪菜入锅焯水加少许精盐捞起备用。

②锅入少许花生油爆香豆腐干、冬菇丁、青红椒丁加少许姜蓉和雪菜、毛豆快速翻炒入味装盘即成。

【缘材理料】

内酯豆腐1盒，马蹄50克，西芹粒50克，香芹粒50克，冬菇丁20克，姜蓉10克，青红椒丁各10克，香菜20克。

【开法点示】

①内酯豆腐平刀一开为二入油锅炸成两面金黄放入预先烧热的铁板内备用。

②锅留少许油爆香姜蓉加入所有材料翻炒，再入少许清水及调味料勾芡淋在内脂豆腐上，撒上香菜即成。

甲第星罗

【食疗分析】

内酯豆腐有祛脂降压、通乳生乳、解毒、抑癌抗瘤的保健功效。老少妇幼，四季皆宜。

云绕袈裟

【食疗分析】

冬瓜具有润肺生津、化痰止渴、利尿消肿、清热祛暑、解毒排脓的功效。可用于暑热口渴、痰热咳喘、水肿、脚气、胀满、消渴、痤疮、面斑等症。

【缘材理料】

青皮冬瓜400克，竹笙200克，腰果碎50克，上海青6棵。

【开法点示】

①冬瓜去皮切成长20厘米、宽10厘米形状，加调味料腌制20分钟取出再入蒸柜蒸熟备用。
②竹笙清水浸泡去异味，捞起入锅焯水捞起备用。
③将竹笙依次铺在冬瓜里。
④锅入少许清油爆香姜蓉加清水、调味料勾芡淋在冬瓜上撒上腰果碎即成。
⑤上海青焯熟围盘装饰即可。

【缘材理料】

酸菜100克，苦瓜400克，支竹100克，白果100克，胡椒粉20克。

①苦瓜切10厘米厚段去瓤备用，入油锅炸几分钟捞起。
②酸菜切碎用清水浸泡再清洗捞起备用。
③支竹切段入油锅炸香再用清水浸泡。
④将以上材料加清水、调味料、胡椒粉入瓦煲煲20分钟即成。

知足常乐

【食疗分析】

苦瓜性味苦寒，维生素C含量丰富，有除邪热、解疲劳、清心明目、促进食欲、清热防暑的功效。夏吃苦瓜最相宜。

57

金玉双珍

【食疗分析】

南瓜有解毒、护胃助消化、降血糖、消除致癌物质等功效。豆腐有降血脂，保护血管预防心血管疾病的作用。合用于病后调养、减肥美容。尤其适合肥胖者、糖尿病人。

【缘材理料】

豆腐2块，金瓜300克，上海青8棵。

【开法点示】

①豆腐、金瓜分别用模具切成大小厚度一致的薄片依次排列成8份，装盘入蒸柜蒸10分钟取出。

②锅入少许花生油爆香姜蓉加调味料勾芡淋在材料上即成。

③上海青去叶留梗焯水入味围盘装饰即可。

梅菜素扣

【缘材理料】

老豆腐200克，梅菜心100克，五香豆干丁50克，豆腐干丁50克，冬菇丁50克，生菜100克，上海青6棵。

【开法点示】

①老豆腐切成厚薄长短相等的片入油锅轻炸，取出依次排列在碗内备用。

②梅菜心用清水浸泡一段时间，清洗干净控干水分，切碎加入五香豆干丁、豆腐干丁、冬菇丁用姜蓉加少许调味料炒香酿入老豆腐碗内入蒸柜蒸10分钟取出。

③生菜烫熟垫在盘内将②反扣在上备用，上海青围盘装饰。

④炒锅留少许花生油爆香姜蓉加酱油膏、老抽、调味料勾芡淋在③上即成。

【食疗分析】

梅菜心中胡萝卜素和镁的含量高。

可开胃下气、益血生津、补虚劳。

可治声嘶、纳差、神疲。

东坡坐禅

 【缘材理料】

冬瓜500克，面粉100克，上海青6棵。

 【开法点示】

①冬瓜去皮改刀切成大小相等的块状加精盐腌几分钟备用。

②面粉加清水调成糊状备用。

③腌制好的冬瓜挤干水分沾面粉糊入油锅炸成金黄色装入碗内压实。

④炒锅留少许花生油炒香姜末加调味料、生抽、陈醋、老抽勾芡淋在炸好的冬瓜上，入蒸柜蒸5分钟取出倒在盘内即成。

⑤上海青焯水入味围盘装饰即可。

【食疗分析】

冬瓜是药食兼用的蔬菜，具有润肺生津、化痰止咳、利尿消肿、清热祛暑、解毒排脓等功效。用于暑热口渴、痰热咳喘、水肿、消渴、痤疮、面斑、痔疮等症的治疗。

自然造化

【食疗分析】

甜蜜豆有益脾和胃、生津止渴、和中下气等功效。对脾胃虚弱、腹胀、烦热口渴均有疗效。能缓和更年期症候群，尤适宜更年期妇女食用。

【缘材理料】

甜蜜豆400克，豆腐干100克，榄菜100克，生姜30克，青红椒30克，盐、糖、蘑菇精适量。

【开法点示】

①甜蜜豆洗净撕去老的部分，切碎入锅焯水备用。

②豆腐干切碎，生姜、青红椒切粒备用。

③锅入少许花生油炒香生姜、豆腐干、青红椒加入榄菜、甜蜜豆翻炒调味勾芡即成。

【缘材理料】

哈密瓜1/2个，西芹丁50克，马蹄50克，青瓜丁50克，胡萝卜丁50克。

【开法点示】

①哈密瓜用挖球器将果肉挖出成球形备用。
②锅入少许花生油炒香姜蓉和西芹丁、马蹄、青瓜丁、胡萝卜丁翻炒，再加入哈密瓜果肉调味勾芡装入哈密瓜盅内摆盘装饰即成。

哈密瓜盅

【食疗分析】

哈密瓜有清凉消暑、除烦热、生津止渴的作用，是夏季解暑的佳品。适宜于肾病、胃病、咳嗽痰喘、贫血和便秘患者。

入圣超凡

【缘材理料】

豆腐600克，菱角适量，湿淀粉少许。

【开法点示】

①豆腐对角切成8份备用。

②菱角加调味料腌几分钟备用。

③将腌好的菱角镶在每块豆腐上加湿淀粉入油锅炸成金黄装盘摆饰即可。

④锅留少许花生油炒香姜蓉加少许清水、调味料、老抽勾芡淋在炸好的豆腐上即成。

【食疗分析】

菱角有补脾胃、强股膝、健力益气、益胃肠、解内热的功效。夏季有行水、祛暑、解毒之效。菱角还是一种抗癌的药用食物。老年人常食有益。

63

【缘材理料】

凉瓜300克，豆腐干300克，香菇30克，青红椒片各10克，普宁豆酱20克。

【开法点示】

①凉瓜切片焯水备用。

②豆腐干入油锅炸香备用。

③香菇切片卤好备用。

④锅入少许花生油炒香姜末、普宁豆酱，再加入凉瓜、豆腐干、香菇、青红椒片大火快速翻炒，加调味料勾芡即成。

碧玉山珍

【食疗分析】

凉瓜配豆腐干，有清热解毒、促进消化、消炎退热、防暑、防癌的功效。尤其适合糖尿病人食用，是夏季养生的食疗佳品。

甜甜蜜蜜

【食疗分析】

甜豆益脾和胃、生津止渴、通利小便效佳。魔芋是碱性食品，有益健康。共用可预防动脉硬化和心脑血管疾病，防治癌瘤，还可充饥减肥。

【选材用料】

甜蜜豆300克，魔芋适量，青红椒片各10克。

【开法点示】

①甜蜜豆改刀撕去老的筋和魔芋一起入锅焯水备用。

②锅入少许花生油炒香姜蓉、青红椒片，再加入甜蜜豆、魔芋大火翻炒加调味料勾芡装盘即成。

【缘材理料】

水东芥菜500克，白果100克，红椒片30克，姜50克，糖、盐、蘑菇精各适量。

【开法点示】

①水东芥菜洗净用刀去掉叶的部分留梗改刀和白果一起入锅焯水捞起备用。

②锅入少许花生油炒香姜末、红椒片再加入水东芥菜、白果翻炒调味勾芡即成。

万年常青

【食疗分析】

芥菜可宣肺豁痰、开胃消食、温中利气、明目利膈；白果可敛肺定喘嗽、止带浊、缩小便。共治咳嗽痰滞、哮喘、胸膈满闷、耳目失聪等症。

富贵黄金卷

【缘材理料】

鲜腐皮4张，鲜支竹200克，酸梅酱100克，五香粉50克，白砂糖30克，酱油膏50克，香菜20克。

【开法点示】

①鲜支竹加五香粉、白砂糖、酱油膏腌10分钟备用。

②鲜腐皮取两张放入腌鲜支竹的汁中取出沥干水分。

③另两张鲜腐皮摊开放上②，鲜腐皮再放入腌好的鲜支竹卷放入蒸柜蒸30分钟，取出沥干水分备用。

④将③入油锅炸成两片金黄色切件装盘淋上酸梅酱、香菜即成。

【食疗分析】

腐竹有清热润肺、止咳消痰的功效；酸梅酱有生津止渴、安蛔驱虫的功效。合用于久咳、虚热烦渴、肠寄生病、牛皮癣等症。

法喜甘露

【食疗分析】

木瓜健脾消食杀虫、通乳抗癌、抗痉挛；火龙果排毒减肥、降糖。合用适合胃痛、乳汁不通、湿疹、寄生虫病及手脚痉挛疼痛等病症。可提高抗病能力，预防肠癌发生。

【缘材理料】

豆皮1张，木瓜果肉100克，火龙果肉100克，五香豆干丁50克，鲜茨实50克，竹笙200克，西兰花100克，白灵菇1朵，青瓜半条，红椒1条。

【开法点示】

①取100克竹笙切碎清水洗净和五香豆干丁、鲜茨实入锅炒香加入调味料勾芡备用。

②豆皮切成8小块用开水浸泡10分钟捞起控干水分备用。

③将①加木瓜果肉、火龙果肉用②包好摆盘入蒸笼蒸煮2分钟取出。

④白灵菇卤好切片备用。

⑤将西兰花过水入味和白灵菇、青瓜、红椒切片一起围盘装饰。

⑥锅入少许花生油加酱油膏、老抽、调味料勾芡淋在上面即成。

华星凝辉

【食疗分析】

冬瓜可润肺生津、化痰止渴、利尿消肿、清热祛暑、解毒排脓。用于暑热口渴、痰热咳喘、水肿胀满、消渴、痤疮面斑、痔疮等症的治疗。

【缘材理料】

冬瓜500克，鲜人参1棵，柠檬1个，五香粉10克，黄姜粉10克，蘑菇精10克。

【开法点示】

①冬瓜去皮用挖球器依次挖成球状备用。

②将挖好的冬瓜球和鲜人参加五香粉、黄姜粉、蘑菇精再加少许清水入蒸柜蒸熟取出备用。

③锅留少许花生油炒香姜蓉放入②加调味料温火焖5分钟，捞起冬瓜球、鲜人参装盘摆饰备用。

④锅内汤汁勾芡淋在冬瓜球上，再挤压柠檬汁淋在上面即可。

玉台冬雪

【食疗分析】

主食冬瓜具有多种保健功效；佐少许芦笋、香菇、云耳等营养丰富的食材，清中有补，既祛暑清热利湿，又可强身健体，增强人体抵抗力。

【缘材理料】

冬瓜200克，竹笙50克，云耳50克，香菇50克，玉米笋50克，口蘑50克，荷兰豆20克，西兰花4小朵，鲜支竹50克。

【开法点示】

①将改刀好的冬瓜调味入蒸笼蒸熟备用。
②锅留少许花生油炒香姜蓉加少许清水、调味料放入冬菇、支竹慢火煨10分钟盛起。
③将云耳、玉米羹、口蘑、荷兰豆下锅翻炒勾芡盛入冬瓜环内，竹笙盖在上面，淋上调好味的芡汁，西兰花围盘装饰即成。

冰壶秋月

【食疗分析】

菱角有减肥健美作用，还可补脾胃、强股膝、健力益气；夏季祛暑解毒。菱角具有防癌抗癌的奇效。用于食道癌、乳腺癌、子宫癌的辅助治疗。

【缘材理料】

菱角400克，咸菜100克，生姜30克，香芹30克，酱油膏、糖、盐、蘑菇精适量，五香粉适量。

【开法点示】

①咸菜切片用开水浸泡10分钟取出备用。
②菱角洗净加五香粉少许精盐入笼蒸熟备用。
③锅入少许花生油炒香姜末、咸菜再放入菱角加少许清水调味料焖5分钟勾芡即成。

苦瓜2条（约500克），五香豆干50克，豆腐1块，马蹄50克，香菇50克，胡萝卜50克，香芹50克，豆豉、姜末、生抽、酱油膏、蘑菇精各少许。

①苦瓜切段挖去籽入锅加少许精盐、白砂糖、花生油焯水捞起备用。

②五香豆干、马蹄、香菇、胡萝卜、香芹切丁入锅炒香，加入豆腐、地瓜粉及少许调味料搅拌均匀酿入苦瓜环内入蒸笼蒸熟取出。

③将蒸好的苦瓜入锅煎成两面金黄色装盘待用。

④锅入少许花生油炒香姜末、豆豉加生抽调味勾芡淋在苦瓜环上即可。

团结一致

菩提甘露坊斋菜

72

【食疗分析】

豆干香菇的高蛋白和苦瓜的高纤维的搭配，既美味又有营养。可促进食欲、消炎退热、防癌抗癌、降低血糖。

片片菩提

【食疗分析】

芦荟有抗炎、抗感染、修复胃黏膜和止痛、促愈合的作用。可治疗胃炎、胃溃疡、烧烫伤、糖尿病。还防晒保湿，是美容的最佳选择。

【缘材理料】

芦荟400克，鲜草菇50克，姜片10克，三花淡奶50克。

【开法点示】

①芦荟改刀切片入锅焯水加少许调味料再用清水冲去表面滑液待用。

②锅入少许花生油炒香，鲜草菇、姜片加入少许清水、三花淡奶再放入芦荟煮片刻，调味淋香油即成。

橙香茄合

【 食疗分析 】

莲蓉可防癌抗癌、降压、强心安神、补虚止遗涩精；茄子护心血管、抗坏血酸、防胃癌、抗衰老。共用适用于高血压、心脏病、鼻咽癌、胃癌及体虚梦遗者。

【 缘材理料 】

茄瓜1条，白莲蓉200克，橙汁300克，酥炸粉300克，白砂糖200克，淀粉少许。

【 开法点示 】

①茄瓜去皮切成茄夹10份酿入白莲蓉待用。

②酥炸粉加少许清水调成糊状备用。

③将酿好莲蓉的茄夹拍匀淀粉挂糊入油锅炸成金黄色捞起控油装盘。

④锅烧热入少许花生油炒香姜末加入少许清水、橙汁、白砂糖勾芡淋在茄夹上即成。

香粒簇翠

【食疗分析】

有『长生果』美誉的松子，配玉米、马蹄、沙葛等食疗佳品，有独到的营养保健功能：健脑益智，抗衰延寿，润肤美颜，预防心血管病及润肠通

【缘材理料】

西生菜1棵，松子50克，玉米粒50克，马蹄50克，沙葛50克，胡萝卜粒50克。

【开法点示】

①西生菜洗净用剪刀剪成形状摆盘备用。

②松子控油温炸香备用。

③锅入清水煮沸放入玉米粒、胡萝卜粒、马蹄、沙葛加调味料焯水捞起备用。

④锅留少许花生油炒香姜末再加入所有材料翻炒调味勾芡装在剪好的西生菜内即成。

【缘材理料】

丝瓜400克，雪菜50克，云耳50克，生姜30克，青红椒30克，荷叶1张，酱油膏30克，盐、白糖适量，蘑菇精30克，香麻油适量。

【开法点示】

①丝瓜去掉老的茎的部分，留青皮切滚刀状入油锅轻炸捞起控油备用。
②荷叶用滚水浸泡取出垫在竹蒸笼内再加入炸过的丝瓜待用。
③雪菜、云耳、姜丝、青红椒加酱油膏、调味料拌均匀铺在丝瓜上入蒸笼蒸5分钟取出淋上香麻油即可。

法轮常转

【食疗分析】

用荷叶蒸丝瓜，有清热解毒、凉血止血、通经络、美容抗癌、除烦解暑功效。用于痰喘咳嗽、乳汁不通、热病烦渴、筋骨酸痛、便血等病症。

大地回春

【缘材理料】

芥菜心300克，香芋丸6粒，香菇丸6粒，魔芋丝4个，鲜草菇100克，生姜30克，白胡椒粉100克，精盐适量，白砂糖20克，蘑菇精20克，麻油适量，淡奶100克。

【开法点示】

①芥菜心洗净改刀成块入锅焯水去其苦味捞起备用。

②锅入油炒香姜片加适量清水烧开，放入香芋丸、香菇丸、魔芋丝、鲜草菇、芥菜心煮片刻，再加入以上调味料煮3分钟盛盘淋麻油即成。

【食疗分析】

芥菜解毒消肿、开胃消食、温中利气，明目利膈作用强。有提神醒脑、解除疲劳的作用；辅助治疗感染性疾病、明目及防治便秘等。

荷叶4张，腰果100克，红腰豆100克，黑糯米100克，脱皮绿豆100克，鲜莲子50克，栗子100克，花生仁100克，糖、蘑菇精、酱油膏、麻油各少许。

①将荷叶改刀用开水浸泡备用。
②将腰果、红腰豆、黑糯米、脱皮绿豆、鲜莲子、栗子、花生仁清水浸泡5小时洗净，再入蒸柜取出用搅面机搅成泥状加调味料备用。
③摊开荷叶将②依次卷起包好，再放入蒸柜蒸10分钟即可装盘。

 荷叶坚果

【食疗分析】

坚果含有烟酸、维生素B₆、叶酸、镁、锌、铜和钾，以及多种抗氧化剂等营养成分。素食者常吃，有助于均衡营养；护心健脑、固齿、补益、养身。

火龙果盅

【食疗分析】

火龙果中放少许养心、补脾益肾的莲子和补脾固肾的芡实，可调节脾胃功能，护眼，预防贫血和抗炎，美肤防黑斑，防老年痴呆症等。

【缘材理料】

火龙果1个，鲜莲子20克，鲜茨实20克，云耳20克，雪耳20克，火龙果肉20克，鲜牛奶30克，糖、盐适量。

【开法点示】

①将火龙果按3/4水平切开留火龙果盖，再将火龙果肉挖出切丁备用。

②将鲜莲子、鲜茨实、云耳、雪耳切碎入锅焯水去异味，再加少许精盐、白砂糖入蒸柜蒸熟取出备用。

③将鲜牛奶注入锅内煮开再放入②和火龙果肉调味勾芡盛入火龙果盅内即可。

【食疗分析】

西瓜可清热解暑、生津止渴、利尿除烦。最适宜高血压患者、急慢性肾炎患者、胆囊炎患者、高热不退者食用。

 西瓜盅

 【缘材理料】

西瓜1/2个，沙葛50克，青红彩椒50克，魔芋50克，西芹丁50克，马蹄50克，姜30克，盐、糖、蘑菇精适量。

 【开法点示】

①西瓜用挖球器将果肉挖出备用。
②沙葛、青红彩椒、魔芋切丁和马蹄丁、西芹丁一起入锅焯水捞起备用。
③锅入少许花生油炒香姜末再加入西瓜果肉、沙葛、青红彩椒、魔芋、西芹丁、马蹄丁翻炒调味勾芡盛入西瓜壳内即可。

红豆饼

【食疗分析】

红豆有利水消肿、利湿退黄、解毒排脓的功效。可用于治水肿、脚气、黄疸、泻痢、便血、痈肿等症。

【缘材理料】

糯米粉500克，澄面20克，糖60克，水50克，红豆适量。

【开法点示】

①将红豆加水蒸烂隔水加40克糖搅匀待放。

②将水烧开，把糯米粉、澄面、糖放到搅面机里，把烧开的水放入一起搅。

③把搅好的糯米粉皮放去蒸7分钟后拿出。

④把蒸好的糯米粉皮放到压面机压成2毫米厚的一块块，涂上红豆折好，煎成两面黄即可。

脆皮凉瓜丸

 【缘材理料】

糯米粉500克，澄面30克，糖30克，凉瓜1条，黑芝麻馅250克，面包糠适量，水适量。

【开法点示】

①把凉瓜切成块打成汁备用。

②把澄面用开水烫熟。

③将烫好的澄面和糖放到搅面机或用手搅匀，再把糯米粉放在一起加①搅匀。

④把搅好的粉团取出一部分，然后再把它分成几小部分，把每一小部分分别包入黑芝麻馅收口，然后喷一点水放到面包糠里滚，再放到烧热的油锅里炸熟即可。

【食疗分析】

糯米包黑芝麻温补强壮，滋养补虚力强；加入凉瓜汁，可清热泻火，防滋补燥火。

淡奶1000克，椰浆500克，糖40克，粟粉40克，澄面10克，面包糠、水适量。

①把粟粉、澄面用水开稀备用。

②将淡奶、椰浆、糖搅匀放去蒸熟。

③将①倒入②再加热，然后拿出放冻，再搞成椭圆形，滚上面包糠。

④把搞好的③放入170℃的油里炸成金黄，上碟即可。

脆皮椰汁奶

椰子具有清凉消暑、生津止渴、止呕止泻、益发、补脾益胃、杀虫消疳之功效。加淡奶，营养更丰富。可用于治暑热烦渴、吐泻伤津、浮肿尿少、小儿疳积、绦虫等症。亦是养生、美容的佳品。

四季养生·秋养肺

俗话说『一夏无病三分虚』，立秋一到，气候虽然早晚凉爽，但仍有秋老虎肆虐，故人极易倦怠、乏力、纳呆等。《素问·藏气法时论》说：『肺主秋……肺收敛，急食酸以收之，用酸补之，辛泻之』。可见酸味收敛肺气，辛味发散泻肺，秋天宜收不宜散，所以要尽量少吃葱、姜等辛味之品，适当多食酸味果蔬。

根据中医『春夏养阳，秋冬养阴』的原则，秋季养生保健必须遵循『养收』的原则，其中饮食保健当以润燥益气为中心，以健脾补肝清肺为主要内容，以清润甘酸为大法，寒凉调配为要。

秋季正是各种瓜果丰收之时，多食蔬菜水果对健康大有益处，还可预防『秋燥』的产生，但秋季气候渐冷，瓜果也不宜多食，以免损伤脾胃的阳气。在膳食调配方面要注意摄取食品的平衡，注意主、副食的搭配，要符合『秋冬养阳』的原则。

秋季时节，可适当食用芝麻、糯米、粳米、甘蔗、蜂蜜、枇杷、菠萝、乳品等柔润食物，以益胃生津；食用酸菜类、百合、芝麻、甘蔗、梨、豆浆、蜂蜜、葡萄、柚子、杨桃、山楂、柠檬、南瓜、杏仁、藕片、银耳、鸡蛋等滋养肺阴之品。

金耳20克，鲜莲子20克，鲜百合20克，杞子10克，桂圆肉10克。

①金耳浸清水发好备用。

②鲜莲子、鲜百合用清水洗净备用。

③将以上材料加矿泉水、适量精盐入炖盅蒸2小时即成。

金耳炖汤

【食疗分析】

金耳滋阴润肺；百合润肺止咳、清心安神；莲子补脾益肾，养心安神；桂圆肉补血养心；杞子滋补肝肾。五者煲汤，具有润肺化痰止咳、养心安神、滋阴补血的功效。可治肺阴虚久咳、病后虚烦、惊悸等症。经常食用能防病健身，延缓衰老，提高机体免疫力。

清肺美颜汤

【缘材理料】

虫草花100克，川贝5克，北杏3克，沙参5克，淮山50克，精盐、蘑菇精适量。

【开法点示】

①将所有材料洗净备用。

②将洗净的材料放入炖盅，加适量清水调味入炖柜炖3小时即可。

【食疗分析】

虫草花可益肝肾、补精髓、止咳止血化痰，合用川贝、北杏等，共奏清肺润肺、止咳化痰平喘的功效。用于肺气肿、气管炎的久咳虚喘，眩晕耳鸣，健忘失眠，腰膝酸软，阳痿早泄等症的辅助治疗；增强人体抗病能力及护肤美容。是秋季饮用佳品。

鲜腐皮2张，脱皮绿豆200克，西生菜100克，青瓜1小条，胡椒粉、精盐、五香粉适量。

①脱皮绿豆用清水洗净入蒸柜蒸熟备用。
②将蒸熟的绿豆加入胡椒粉、五香粉、精盐用搅拌机打成粉状备用。
③西生菜切成丝，青瓜切粒备用。
④将粉状绿豆、西生菜丝、青瓜粒用鲜腐皮卷起入油锅炸成金黄色切段即成。

菩提甘露坊斋菜

88

春绿依然

【食疗分析】

豆腐皮营养丰富，蛋白质、氨基酸含量高。有清热润肺、止咳消痰、养胃、解毒、止汗等功效。是一种妇、幼、老、弱皆宜的食用佳品。

麒麟鲜淮山

【食疗分析】

金瓜具有补中益气、消炎止痛、解毒杀虫、降糖止渴的功效。主治久病气虚、脾胃虚弱、气短倦怠、便溏、糖尿病、蛔虫等病症。

【缘材理料】

鲜淮山400克，金瓜400克，上海青6棵，姜蓉、白芝麻少许。

【开法点示】

①鲜淮山和金瓜切长度厚薄相等的片状，依次摆好入蒸柜蒸熟备用。

②将金瓜切下的边角料入蒸柜蒸熟，打成蓉状备用。

③炒锅入少许油加入少许清水和金瓜蓉调味料勾芡淋在料上，再撒上炒熟的白芝麻即成。

④上海青加调味料焯水至熟围盘即可。

摘青猴头菇

【 缘材理料 】

鲜猴头菇200克，白果20克，芥菜心100克，淀粉、调味料适量。

【 开法点示 】

①鲜猴头菇切成大小一致的块状，用清水浸泡20分钟后漂洗干净入烧开水的锅内煮10分钟后，再用清水漂洗去其苦味备用。

②将洗净的鲜猴头菇沥干水分，拍干淀粉入油锅炸成金黄色备用。

③芥菜心切成大小一致的块状和白果一起焯水至熟备用。

④将以上材料入锅加调味料翻炒勾芡装盘即成。

【 食疗分析 】

猴头菇配芥菜，两者合用，可调和食物的偏性，起到补而不腻、消而不寒的功效。适用于消化不良、大便秘结、牙龈肿痛等症。

八仙过海

【原材理料】

冬菇20克，云耳20克，雪耳20克，蘑菇20克，粟米心20克，玉子豆腐50克，西兰花4小朵。

【开法点示】

①冬菇卤水切件备用。
②玉米豆腐入油锅炸熟备用。
③云耳、雪耳用清水浸泡，洗净备用。
④将云耳、雪耳、粟米心、蘑菇入锅焯水捞起。
⑤将以上材料入锅加调味料翻炒勾芡装盘即成。
⑥西兰花焯水至熟围盘装饰即成。

【食疗分析】

云耳和雪耳有补气养血、润肺生津、安神强心健脑等作用；冬菇、蘑菇有降压、降脂、防治感冒、防癌的功效。多味合用，为延年益寿佳品。

木瓜荟芥蓝

【食疗分析】

木瓜有消食驱虫、清热祛风通络的功效。主治胃痛、消化不良、肺热干咳、乳汁不通、湿疹、寄生虫病、手脚痉挛疼痛等病症。有『万寿果』之称，多吃可延年益寿。

【缘材理料】

芥蓝心300克，夏威夷木瓜300克。

【开法点示】

①芥蓝心去皮切滚刀块状入锅焯熟备用。

②木瓜去皮去籽切滚刀加少许盐水浸泡2分钟备用。

③锅入少许花生油爆香姜蓉加入芥蓝心炒好装盘。

④木瓜放入锅内加调味料轻翻炒几下勾芡，摆放芥蓝心上即成。

【缘材理料】

鲜腐竹500克，青红椒片、芹菜段各20克，黑椒酱2汤匙，面粉少许，茄汁适量。

【开法点示】

①鲜腐竹切成段用调味料腌几分钟入味备用。

②将腌好的鲜腐竹拍少许干淀粉入油锅炸香和青红椒片放入事先烧热的铁板内。

③黑椒酱加面粉、茄汁、调味料、少许清水在锅内煮开勾芡，淋在鲜腐竹上即成。

【食疗分析】

腐竹具有清热润肺、止咳消痰的功效。有良好的健脑作用，能预防老年痴呆症；有降胆固醇、防止高脂血症及防动脉硬化的作用。痛风者不宜。

安之若素

竹笙罗汉斋

【食疗分析】

竹笙具有补肾壮阳、益胃清肠、抗老防衰、消炎止痛、减肥、抗癌等多种功效。竹笙属生理碱性食品，能调节人体血酸及脂肪酸，对血管硬化、高血压、高血脂等常见病有显著疗效。

【缘材理料】

竹笙100克，冬菇50克，云耳50克，蘑菇50克，粉丝50克，支竹50克，荷兰豆30克，大白菜30克。

【开法点示】

①竹笙洗净用调味料煨好备用。

②以上材料焯水入味沥干水分入锅翻炒，加调味料勾芡装盘。

③将煨好的竹笙倒在以上炒好的料上即成。

【缘材理料】

豆腐皮1张，鲜腐竹500克，党参2条，黄姜粉2汤匙。

【开法点示】

①鲜腐竹用刀切碎加入少许精盐，用豆腐皮包好后用模具压成形入蒸柜蒸熟备用。

②将成形的鲜腐竹入油锅炸成金黄色改刀装盘备用。

③党参加少许清水煮沸围在②两边。

④煮党参水加入黄姜粉、调味料勾芡淋在②上，入蒸笼蒸五分钟取出淋上少许热油即成。

【食疗分析】

此菜具有清热润肺、止咳消痰的功效。可预防心血管疾病，保护心脏；防止骨质疏松，促进骨骼发育，预防缺铁性贫血。

凤凰涅槃

明月纱窗

【缘材理料】

芦笋8条，竹笙8段，杏鲍菇1条，香菜梗8条，胡萝卜丁（切成米粒大小）少许。

【开法点示】

①芦笋取头去尾切成长短一样焯水入味备用。

②竹笙加调味料焯水备用。

③杏鲍菇卤好切成和竹笙一样长、厚薄相等的片备用。

④香菜梗用开水浸泡至软备用。

⑤将芦笋、杏鲍菇片穿入竹笙内用香菜梗捆绑好入蒸柜蒸5分钟取出。

⑥炒锅入少许花生油爆香姜蓉加少许清水、调味料勾芡淋在⑤上，撒胡萝卜粒即可。

【食疗分析】

芦笋有清热解毒、生津利水之效；竹笙有补气养阴、润肺止咳、清热利湿之效。常食对心血管病、肾炎、胆结石、肝功能障碍和肥胖有益。是健康和抗癌的最佳食品。

烩炖上素

【缘材理料】

香菇4朵，豆腐干适量，白果100克，甜蜜豆100克，上海青6棵，胡萝卜片70克。

【开法点示】

①香菇卤好改花刀备用。
②豆腐干加调味料腌10分钟。
③将切好的冬菇和腌好的豆腐干拍干淀粉入油锅炸成金黄色捞起装盘。
④甜蜜豆、白果、胡萝卜片过水入锅加姜蓉、清水、调味料勾芡，淋在香菇和豆腐干上即成。
⑤上海青焯水入味围盘装饰即可。

【缘材理料】

太阳瓜1个，芦笋丁10克，淮山丁10克，云耳丁10克，金瓜100克。

【开法点示】

①太阳瓜用雕刻刀从3/4水平切割取瓜盖备用。

②挖出太阳瓜的瓤，和瓜盖入蒸柜蒸熟。

③金瓜切片入蒸柜蒸熟取出用搅汁机打成蓉备用。

④芦笋丁、淮山丁、云耳丁焯水入味捞起，放入金瓜蓉加调味料入锅勾芡装入太阳瓜内摆盘即成。

佛光普照

【食疗分析】

太阳瓜、金瓜均有补中益气、消炎止痛、解毒杀虫的功能。可用于气虚乏力、肋间神经痛、痢疾、蛔虫病、支气管哮喘、糖尿病等症。

丝竹和鸣

【食疗分析】

丝瓜有清暑凉血、解毒通便、通络下乳汁等功效；竹笙补气养阴，润肺止咳，清热利湿。适用于胸肋疼痛、乳肿痛、月经不调、干咳、便结、食积黄疸等症。夏秋季功效尤佳。

【缘材理料】

丝瓜400克，竹笙200克，云耳100克，胡萝卜20克。

【开法点示】

①丝瓜去皮切成滚刀块和云耳一起入锅加调味料焯水备用。

②竹笙用素高汤煨好备用。

③锅留少许花生油炒香姜末加入丝瓜、云耳、胡萝卜翻炒加调味料勾芡装盘。

④将煨好的竹笙放在炒好的丝瓜上即成。

福合三鲜

【缘材理料】

自制豆制品适量，鲜百合200克，鲜白果100克。

【开法点示】

①豆制品切片和鲜百合、鲜白果入锅焯水入味备用。

②将①入锅加姜末、调味料翻炒勾芡装盘即成。

【食疗分析】

此菜具有润肺止咳、抗菌消炎、提高机体免疫力的作用。是集美味和保健于一体的佳肴。

【食疗分析】

芦笋、西红柿、豆腐三者合用，色泽鲜明，功效相似：均有清热生津、养阴的功效，特别适合热性体质、口臭、口渴、热病后调养者食用。

心心相参

【缘材理料】

自制豆制品少许，芦笋1小段，西红柿1/6个，西兰花1小朵。

【开法点示】

①豆制品加调味料腌入味放进蒸笼蒸熟取出摆盘。

②芦笋、西兰花过水和西红柿围盘装饰。

③锅入少许花生油炒香姜蓉加酱油膏、老抽、调味料勾芡淋在豆制品上即成。

芦笋100克，鲜百合100克，芦荟100克，胡萝卜50克，青红椒片20克，鲜核仁100克。

【开法点示】

①芦笋切片和鲜百合、鲜核仁、胡萝卜片下锅焯水加少许精盐捞起备用。

②芦荟去皮取中间白色部分改刀切片入锅焯水捞起再冲清水去表面滑液，控干水分拍干淀粉入80℃油锅稍炸片刻捞起控油备用。

③锅留少许花生油炒香姜末、青红椒片再加入以上材料翻炒调味勾芡装盘即成。

 百年荟合

【食疗分析】

百合、芦荟、芦笋合用，有润肺生津、补中益气、清心安神、清热解毒、凉血效用。适用于肺痨久嗽、心烦失眠及二便不利者。能增进食欲，助消化，美容。

福果橙盅

【食疗分析】

橙子有生津止渴、开胃下气、宽胸开结、消瘿、杀鱼蟹之毒的功效；维生素C含量高，能增强人体抵抗力。用于治疗积食脘胀、醒酒、清热化痰、解郁散结。

【缘材理料】

橙3个，白果50克，马蹄50克，橙果肉100克，腰果50克，松子30克。

【开法点示】

①橙洗净从3/4水平切下取橙盖备用。

②将橙内果肉挖出切成丁备用。

③锅入少许花生油炒香姜蓉加入白果、马蹄、腰果、松子快速翻炒，再加入橙果肉、调味料勾芡镶入橙盅内摆盘装饰即成。

【食疗分析】

金瓜享有『植物海蜇』之美誉。不仅味美可口，而且营养丰富，又有补中益气、消炎止痛、解毒杀虫的作用。

【缘材理料】

金瓜1个，马蹄30克，西芹丁30克，胡萝卜丁30克，金瓜丁30克，青瓜丁30克。

【开法点示】

①金瓜按1/4水平切下留金瓜盖，再将3/4金瓜内籽挖出，用刻刀在金瓜表皮刻出花纹后和金瓜盖一起入蒸笼蒸熟备用。

②锅注入清水加少许花生油、调味料煮沸，将金瓜丁等材料放入焯水捞起备用。

③锅留少许花生油炒香姜末再放入以上所有材料翻炒调味勾芡装入金瓜内摆盘装饰即成。

花好月圆

芦笋400克，金瓜200克。

瓜蓉芦笋

①芦笋入锅加少许调味料过水捞起备用。

②将过好水的芦笋加少许姜末入锅翻炒调味勾芡装盘。

③金瓜去皮切片入蒸笼蒸熟，取出用搅汁机搅成瓜蓉入锅加调味料勾芡淋在炒好的芦笋上即成。

【食疗分析】

芦笋、金瓜共起清热解毒、补气生津的作用、对老年人高血压、冠心病、肥胖症有较好的疗效。

【缘材理料】

土豆400克，西红柿200克，香芹50克，姜末少许，盐、糖、蘑菇精、胡椒粉适量。

【开法点示】

①土豆去皮切块加少许精盐、胡椒粉入蒸笼蒸熟备用。

②西红柿改刀切块备用，香芹切末备用。

③锅入少许花生油炒香姜末、香芹末加少许清水，放入西红柿、土豆焖10分钟调味勾芡即可。

纤朱怀金

【食疗分析】

马铃薯能健脾和胃、益气调中、缓急止痛、通便。是胃病和心脏病患者、糖尿病患者的优质保健品。还有预防便秘和防治中风等作用。

万紫千红

【食疗分析】

鸡腿菇有益脾胃、清心安神、治痔等功效。经常食用有助消化、增加食欲和治疗痔疮的作用。

【缘材理料】

鸡腿菇400克，豆制品150克，荷兰豆50克，青红椒片20克，沙茶酱20克，姜蓉20克。

【开法点示】

①鸡腿菇改刀切片入锅焯水捞起备用。

②豆制品入锅控油温炸香备用。

③锅留少许油炒香姜蓉再依次放入鸡腿菇、豆制品、荷兰豆、青红椒片加沙茶酱、调味料翻炒装盘即成。

【缘材理料】

茄子1条，松子100克，酥炸300克，糖醋300克，青红椒粒30克，姜末30克。

【开法点示】

①选一条粗的茄子去皮，按松子的刀法改刀拍酥炸粉入油锅炸熟控油装盘。
②锅留少许花生油炒香姜末、青红椒粒加入糖醋勾芡淋在炸好的茄子上即成。
③松子控油温炸香撒在茄子上即成。

茄酥松子

【食疗分析】

茄子含丰富的维生素P，可保护心血管和抗坏血酸；含龙葵碱，能抑制消化系统肿瘤的增殖，防治胃癌；含维生素E，可抗衰老。

【缘材理料】

鲜腐皮1张，寿司紫菜2张，糯米300克，花生仁100克，香菇丁50克，五香豆干50克，马蹄切丁50克，蜂蜜200克。

【开法点示】

①糯米洗净加少许清水入蒸柜蒸熟备用。

②花生仁控油炸好去衣压碎备用。

③锅留少许花生油炒香五香豆干、香菇丁和花生碎、马蹄丁一起放入糯米饭中加蜂蜜拌匀备用。

④摊开鲜腐皮抹少许湿淀粉再放上寿司紫菜，抹湿淀粉放入拌好的糯米饭用寿司卷好入蒸柜蒸20分钟，取出再入油锅控油炸香捞起切件摆盘装饰即可。

109

【食疗分析】

糯米有补虚、补血、健脾暖胃、止汗的功效。适用于脾胃虚寒所致的反胃、纳差、泄泻和气虚引起的汗症、气短无力、妊娠腹坠胀等症。

香糯寿卷

【缘材理料】

海竹400克，西兰花200克，西芹50克，青红椒片20克，自制素XO酱30克，姜少许。

①海竹加入姜、调味料煨好备用，西兰花入锅加少许精盐、白砂糖焯水装盘。

②锅入少许花生油炒香青红椒片、西芹，再加入煨好的海竹、自制素XO酱翻炒，调味勾芡淋在西兰花上即成。

竹君平安

【食疗分析】

海竹是一味中药，具有清热、养阴、生津、润燥、润肺的作用，能调和人体气血运行，亦能降血脂和血压，清润去燥，老少皆宜。

蜜汁莲藕

【食疗分析】

莲藕有清热凉血、通便止泻、健脾开胃、益血生肌、止血散瘀的功效。加蜂蜜促进消化、开胃健脾、增强人体免疫力的作用更强。

 【缘材理料】

莲藕500克，脱皮绿豆100克，生抽100克，蜂蜜50克，白砂糖50克，蘑菇精50克。

 【开法点示】

①莲藕去皮洗净，将脱皮绿豆酿入莲藕内用压力锅煮熟取出切片装盘待用。
②锅入少许花生油炒香姜末加适量清水和生抽、蜂蜜、白砂糖、蘑菇精勾芡淋在莲藕上即成。

【缘材理料】

火龙果1个，西芹丁50克，火龙果肉丁50克，木瓜肉丁30克，马蹄切丁30克，魔芋切丁30克，精盐0.5克，白砂糖10克，蘑菇精10克，酱油膏适量。

【开法点示】

①将火龙果洗净从中间横切开一分为二，用勺将果肉整块挖出切成丁状备用。
②将挖出果肉的火龙果壳摆盘装饰备用。
③将西芹丁、马蹄、魔芋焯水备用。
④锅入少许花生油爆香姜末放入西芹丁、马蹄、魔芋调味翻炒，再放入火龙果肉丁、木瓜肉丁勾芡盛入火龙果壳内即成。

佛法船

【食疗分析】

火龙果有防便秘、护眼、预防贫血和抗口角炎、降胆固醇、美肤防斑的功效，还有解除重金属中毒、防老年痴呆症、瘦身、防大肠癌等功效。

菠萝蜜薯仔

四季养生·秋养肺

113

【食疗分析】

菠萝含有菠萝蛋白酶，有帮助消化蛋白质、治支气管炎、利尿等功效，并对预防血管硬化及冠状动脉性心脏病有一定的作用。

【缘材理料】

土豆300克，菠萝果肉300克，青红椒片30克，酥炸粉300克，姜末30克，白砂糖100克，白醋50克，精盐少许，自制素OK酱50克。

【开法点示】

①土豆去皮滚刀切块加少许精盐入微波炉烘熟。

②将烘熟的土豆拍匀酥炸粉入油锅炸成金黄色。

③锅留少许油炒香姜末、菠萝、青红椒片加少许清水、白砂糖、白醋、精盐、自制素OK酱，再放入炸好的土豆焖几分钟即可装盘。

【缘材理料】

青瓜3条，鲜牛奶400克，雪耳100克，玉米淀粉适量，胡萝卜50克，盐、糖、蘑菇精适量。

绿竹映翠

【开法点示】

①青瓜用工具挖好摆盘装饰待用。

②雪耳切碎入锅焯水捞起沥干水分放入鲜牛奶内待用。

③将玉米淀粉和鲜牛奶、雪耳加调味料搅拌均匀待用。

④锅烧热加入花生油烧片刻，再将花生油倒出。留少许花生油再将③加入锅内用锅铲慢火炒成糊状盛入挖好的青瓜内，再撒上胡萝卜粒即成。

【食疗分析】

青瓜具有除热利水、解毒、清热利尿的功效。主治烦渴、咽喉肿痛、火眼、烫伤等。可抗衰老、防酒精中毒、降血糖、减肥、外用美容。

鲜百合蒸金瓜

【食疗分析】

百合清心安神，润肺止咳；同金瓜共蒸，可清痰火、补虚损、养五脏、利大小便及安心益志。治肺热久咳、虚热、烦躁不安、二便不利。

【缘材理料】

金瓜400克，鲜百合100克，杞子30克，生姜50克，盐、糖、蘑菇精适量。

【开法点示】

①金瓜去皮改刀成块状入蒸笼蒸熟取出装盘备用。

②锅入少许花生油炒香姜末加入少许清水再放入鲜百合、杞子加调味料勾芡淋在金瓜上即成。

水500克，果冻粉40克，糖30克，桂花、杞子适量。

①把桂花、杞子撒在盆子上。
②把水烧开，放入果冻粉，再把水倒入盆子中，待冷却后用工具切成自己喜欢的形状。
③上碟即可。

桂花杞子糕

【食疗分析】

果冻粉有祛脂降压、降低胆固醇、润肠通便、减肥等功效，是胃肠清道夫。能有效防治高血压、高胆固醇、冠心病、糖尿病、肥胖症、便秘等症。

芋丝糕

【食疗分析】

芋头是老幼皆宜的滋补品，秋补素食一宝。有益胃、宽肠、通便散结、补中益肝肾、添精益髓等功效。对便结、甲状腺肿大、瘰疬、乳腺炎、虫咬蜂蜇、急性关节炎等病症有一定食疗作用。

【缘材理料】

芋头1500克，五香豆干少许，盐、糖、蘑菇精、油、酱油膏、生粉各适量。

【开法点示】

①将芋头切成丝。

②将芋丝、五香豆干、盐、糖、蘑菇精、油、酱油膏放到盆里搅匀，再放生粉。

③将调好、搅好的芋丝放到盆里摊平，再放到蒸笼去蒸熟。

④将蒸熟的芋丝糕切成几小块放到不粘锅里煎成两面金黄，上碟即可。

酱炒白玉糕

【缘材理料】

白萝卜1个，粘米粉300克，糯米300克，五香豆干50克，香菇50克，荷兰豆100克，青红椒片30克，自制素XO酱50克，香姜末少许。

【开法点示】

①白萝卜去皮切丝，五香豆干和香菇切丝入锅炒香备用。

②将白萝卜丝和五香豆干、香菇加入粘米粉、糯米粉、适量水搅匀，盛入一四方形碗内入蒸柜蒸30分钟取出透凉备用。

③将制作好的萝卜糕，改刀切成大小一致的正方形拍少许面粉控油温炸好。

④锅留少许油炒香姜末、荷兰豆、青红椒，加少许清水、自制素XO酱、调味料放入炸好的萝卜糕翻炒几下即可。

【食疗分析】

白萝卜下气消食、除痰润肺、消炎止咳、解毒生津、利大小便。可辅治肺痿肺热吐血、气胀食滞、咳嗽痰多、口干、便秘、泌尿系结石致小便不畅等症。

沙律素卷

苹果益智；雪梨生津润燥、清热化痰；沙葛、胡萝卜和马蹄均为清热解渴、开胃消食之品。共同起到调理肠胃、生津止渴、促进消化及心脑功能的作用。

【缘材理料】

苹果50克，雪梨50克，西芹丁50克，胡萝卜丁50克，沙葛50克，马蹄50克，炼奶100克，卡夫酱200克，威化纸8张，面包糠适量，湿淀粉适量。

【开法点示】

①苹果、雪梨、西芹丁、胡萝卜丁、沙葛焯水入味沥干水分备用。

②将①所有材料加入马蹄、炼奶、卡夫酱搅拌备用。

③将②用威化纸卷起再用湿淀粉沾面包糠入80℃油锅炸块，快速捞起装盘即成。

四季养生·冬·养肾

冬季，气候寒冷，阴盛阳衰。人体受寒冷气温的影响，各项生理功能和食欲等均会发生变化。因此，合理地调整饮食，保证人体必需营养素的充足，对提高人们的耐寒能力和免疫功能，使之安全、顺利地越冬，是十分必要的。

冬季食物调养要遵循『秋冬养阴、无扰乎阳』的原则，顺应体内阳气的潜藏，以敛阴护阳为根本。冬季膳食的营养特点：增加热量，保证与其暴寒和劳动强度相适应的充足热能。注意增加维生素C的供应量，保证蔬菜、水果和奶类供给充足。

冬季天气干燥，应多饮水，多吃些新鲜蔬菜、水果，少吃酸辣等刺激性强的食物。

冬天，又是蔬菜的淡季，蔬菜不但数量较少，品种也较单调，因此，往往一个冬季过后，人体会出现维生素不足的状况，如缺乏维生素C，并因此导致不少人发生口腔溃疡、牙龈肿痛、出血、大便秘结等症状。其防治方法首先应扩大食物来源，冬天绿叶菜相对减少，可适当吃些薯类，如甘薯、马铃薯等。它们均富含维生素C、维生素B，还有维生素A，红心甘薯还含较多的胡萝卜素。多吃薯类，不仅可补充维生素，还有清内热、去瘟毒的作用。此外，在冬季上市的蔬菜中，除大白菜外，还应该选择圆白菜、心里美萝卜、白萝卜、胡萝卜、黄豆芽、绿豆芽、油菜等。这些蔬菜中维生素含量均较丰富。只要经常调换品种，合理搭配，还是可以补充人体需要的维生素。煲汤可适当加一些当归、人参。

淮山金瓜羹

【 缘材理料 】

鲜淮山100克，金瓜100克，精盐、湿淀粉、蘑菇精适量。

【 开法点示 】

①鲜淮山、金瓜连皮蒸熟备用。

②将蒸熟的鲜淮山、金瓜去皮，分别用搅拌机打成蓉状备用。

③将鲜淮山蓉、金瓜蓉分别入锅加适量清水煮沸，加精盐、蘑菇精勾芡备用。

④将煮好的鲜淮山蓉、金瓜蓉倒入汤碗成太极状即成。

【 食疗分析 】

山药健脾益胃补肾、聪耳明目、助五脏、强筋骨、延年益寿等；金瓜补中益气、消炎止痛、解毒杀虫。此羹补消兼施，不燥不腻。适用于防治心脑血管病、糖尿病、肥胖症。

羊肚菌炖汤

【食疗分析】

羊肚菌是益肠胃助消化、补肾壮阳、补脑提神之品；配补肾的淮山、腰果，少佐滋阴补血之品，有滋阴壮阳补肾、消食和胃等功效。主治消化不良、肾阳虚等症。是一种不含任何激素，无任何副作用的天然保健食品。

【缘材理料】

羊肚菌20克，铁棍淮山20克，腰果10克，杞子5克，花旗参5克，桂圆肉5克，当归5克。

【开法点示】

①羊肚菌浸水发好备用。
②铁棍淮山去皮备用。
③用发羊肚菌的水经过纱布过滤备用。
④将以上材料加入③，入炖盅加适量精盐蒸2小时即成。

拉肠素菇

【食疗分析】

菇类营养价值高，有益智健脑、提高免疫力、抗衰老、美容功效。心脑血管病人、糖尿病人、高血脂及肾虚者可多食用。痛风者不宜。

 【缘材理料】

鲜草菇、鲜茶树菇、鲜鸡腿菇、鲜冬菇、鲜金针菇、鲜蘑菇适量，粘米粉、玉米粉少许。

 【开法点示】

①将以上菇类切碎入锅焯水备用。

②将焯好水的菇类入锅加生姜、精盐炒香备用。

③粘米粉、玉米粉加适量清水开浆入蒸柜蒸成粉皮状备用。

④将炒香的菇类放入粉皮卷起切段淋上香麻油、生抽装盘即成。

【缘材理料】

香芋200克，鲜茨实200克，金瓜50克，花生酱、炼奶、椰奶适量，精盐、砂糖少许。

【开法点示】

①香芋去皮切粒入油锅炸熟备用。

②鲜茨实用清水洗净煮熟备用。

③金瓜去皮切粒备用。

④将上述材料加入花生酱、炼奶、椰奶、精盐、砂糖入锅，加少许清水煮沸淋香油装盘即成。

香芋茨实

【食疗分析】

香芋舒络止痛、祛风湿、消炎散肿；茨实固肾涩精、补脾止泄、利水渗湿。二者合用，用于风湿痹痛、脾虚腹泻等症。

【食疗分析】

腐皮和香干含有丰富的蛋白质及微量元素；冬菇、金针菇、云耳含多种氨基酸。合用有补虚、增强抵抗力、降脂的功效。痛风者不宜。

独坐金莲

【缘材理料】

鲜腐皮2张，水发冬菇100克，五香豆干100克，胡萝卜1条，金针菇50克，青瓜1条，芝士片4块，云耳100克。

【开法点示】

①水发冬菇、云耳、五香豆干、胡萝卜切成丝状。

②五香豆干放入油锅炸成金黄色，水发冬菇丝入油锅炸干水分。

③将冬菇丝、五香豆干、云耳丝、胡萝卜丝、金针菇入锅炒香备用。

④青瓜切成长条状备用。

⑤鲜腐皮抹上蛋清，将上述材料放入卷起入油锅炸成金黄色切段即成。

酿三宝

【 缘材理料 】

黑米50克，红米50克，糯米50克，鲜淮山200克，鲜莲子20克，白果20克，鲜茨实20克，面粉少许，生粉少许，精盐适量。

【 开法点示 】

①将黑米、红米、糯米洗净一起蒸熟备用。

②鲜淮山切成8小块长方形薄片备用。

③鲜莲子、白果、鲜茨实切碎加入蒸熟的黑米、红米、糯米调酿在鲜淮山片上，入蒸柜蒸熟勾芡即成。

④上海青焯水围盘装饰即可。

【食疗分析】

重用山药健脾益肺、固肾益精，及补血、补虚，调节免疫功能。适用于食欲减少、泄泻和气短无力、血虚面色萎黄、腰痛尿频等症。四季皆宜。

四季养生·冬养肾

琵琶淮山

【缘材理料】

鲜淮山、五香豆干、云耳、香菜、香芹适量，精盐、玉米粉、蘑菇精少许。

【开法点示】

①鲜淮山连皮蒸熟备用。

②五香豆干、云耳、香菜、香芹切粒备用。

③将蒸熟的鲜淮山去皮切成米粒状，加入五香豆干、云耳、香菜、香芹、精盐、蘑菇精拌好成泥状备用。

④将调好味的鲜淮山泥装入汤匙入蒸柜蒸熟成汤匙形状摆盘勾芡即可。

【食疗分析】

中医认为黑色食物具有补肾的功效，而白色的山药除了健脾补肺，还可补肾益精。二者有聪耳明目、助五脏、强筋骨、长志安神、延年益寿的功效。

【缘材理料】

鲜冬菇、鲜蘑菇、鲜茶树菇、鸡腿菇、金针菇、鲜草菇、五香豆干、青红椒片适量。

【开法点示】

①将以上菇类用清水洗净备用。

②将洗净的菇类入炒锅加开水、调味料焯水备用。

③五香豆干入渍锅炸香备用。

④将以上材料入炒香姜蓉锅内加少许黑椒酱调味翻炒至熟，勾芡装入预先烧热的铁板内即成。

四季养生·冬养肾

129

铁板杂菌

【食疗分析】

菌类食物富含蛋白质、维生素、人体必需的微量元素，具有降血压、降血脂、防治感冒、防癌的功效。非常适合中老年人食用，是理想保健食物。

气若幽兰

【食疗分析】

山药有补脾益肾、养肺、敛汗止泻、增强抵抗力之功效。少佐粉丝，更适宜脾虚泄泻、纳差食少、肺虚气短、消渴、肾虚腰酸者食用。

菩提甘露坊斋菜

130

【缘材理料】

山药400克，粉丝50克，芝士片1片，西兰花4小朵，青菜100克。

【开法点示】

①山药去皮切成大小一致的长方形用少许精盐腌5分钟，取出拍干淀粉入油锅炸成金黄色备用。
②粉丝、青菜过水捞起垫在盘底，再将炸好的山药依次铺好放上芝士片、椰奶、三花奶等调味料，用保鲜膜包好入微波炉高火烘10分钟取出即成。
③西兰花围盘装饰即可。

杂菌焗玉子

【食疗分析】

菌类富含蛋白质，有降血压、降血脂、防感冒、防癌的功效。笋丝、胡萝卜富含维生素，配用后营养更全面，是理想的保健食物。

【缘材理料】

鸡腿菇20克，金针菇20克，鲜冬菇20克，鲜茶树菇20克，五香豆干丝20克，冬笋丝20克，胡萝卜丝20克，上海青6棵，日本豆腐3条。

【开法点示】

①日本豆腐切成大小一致的段入油锅炸成金黄色装盘备用。

②锅留少许油加入以上菇类翻炒加调味料勾芡淋在日本豆腐上即成。

③上海青焯熟围盘装饰即可。

玉笋呈祥

【食疗分析】

笋干能促进肠蠕动，增进消化，吸附有毒物；抑制癌细胞产生，防止胰腺退化，具有极为显著的药用功能。笋干是一种绿色天然保健食品。

【缘材理料】

笋干300克，云耳50克，豆腐干50克，冬菇50克，青红椒片各10克，香芹50克，姜10克。

【开法点示】

①笋干用清水浸泡10小时洗净加调味料入压力煲煮熟切片备用。

②豆腐干、冬菇切成片状入油锅炸香备用。

③炒锅留少许花生油炒香姜片加入以上材料翻炒调味勾芡装盘即成。

【缘材理料】

胡萝卜1条，腐皮卷半条，杏鲍菇1条，草菇10朵，鲜蘑菇10朵，芦笋10条，竹笙10段，芦荟肉10块，雪耳50克，粟米笋10条，红椒1条。

鼎素上珍

【开法点示】

①胡萝卜用刻刀切成龙形状，取两片用盐水浸泡备用。

②杏鲍菇卤好切成长短厚薄相等的10片备用。

③草菇、蘑菇用素高汤煨好备用。

④竹笙镶入芦荟肉过水入味备用。

⑤雪耳、粟米笋焯水入味备用。

⑥腐皮卷入油锅炸成金黄色切件备用。

⑦将上述材料依次摆盘，用①围盘装饰淋三种味道芡即成。（a. 老抽、酱油膏、调味料；b. 白芡；c. 酸梅酱）

【食疗分析】

健脾消食的胡萝卜，配营养丰富的菇类和健胃轻泻剂芦荟，具有降血脂、护胃助消化、增强机体免疫力、防止心血管病等功效。是美容减肥、防治便秘的佳品。

炸面筋300克，香菇50克，青红椒片各10克，上海青6棵。

【开法点示】

①香菇卤好切片备用。
②炸面筋用清水去表面油渍控干水分备用。
③锅入少许花生油炒香姜末、青红椒片，再加面筋、香菇和酱油膏、调味料焖3分钟勾芡装盘即成。
④上海青焯水入味围盘装饰即可。

红临黄翠

【食疗分析】

青翠金黄透点红，香滑可口。有宽中、益气、解热、止渴、消烦的功效。

黑糯米盅

【食疗分析】

黑糯米被誉为『黑珍珠』，有补血养气、生津止汗、补肾的功效。适合慢性病患者、恢复期病人、孕妇、幼儿、身体虚弱者食用。还可乌发。

【缘材理料】

春卷皮3张，黑糯米300克，松子50克，五香豆干丁50克，青红椒丁20克，芹菜丁30克。

【开法点示】

①春卷皮用模具压好入油锅炸成型取出备用。

②黑糯米清水洗净入蒸笼蒸熟取出备用。

③将蒸熟的黑糯米和松子、五香豆干丁、青红椒丁入锅快速翻炒加调味料、芹菜丁装在炸好的春卷皮盅内摆盘装饰即成。

鲜腐皮2张，鲜莲子50克，鲜茨实50克，腰果50克，鲜蘑菇50克，鲜冬菇50克。

①鲜腐皮入80℃油锅炸成金黄色取出用清水浸泡备用。

②鲜莲子、鲜茨实、腰果、鲜蘑菇、鲜冬菇焯水入味捞起控干水分备用。

③锅入少许花生油炒香姜蓉加入②翻炒调味勾茨备用。

④将炸好的鲜腐皮捞起控干水分，包起③所有材料成型入蒸笼蒸10分钟，取出装盘装饰备用。

⑤锅留少许花生油加酱油膏、老抽、调味料勾茨淋在蒲团上即成。

佛法蒲团

菩提甘露坊斋菜

136

【食疗分析】

茨实固肾涩精、补脾止泄、利水渗湿。配莲子、腰果补脾强肾的效果更佳。为滋养强壮性食物，适用于慢性泄泻和小便频数、梦遗滑精、妇女带多腰酸等。

鸳鸯双丸

【缘材理料】

鲜淮山400克，紫心红薯400克，马蹄200克，菠萝200克，腰果100克。

【开法点示】

①鲜淮山洗净连皮入蒸柜蒸熟取出，去皮用搅拌机搅成泥状备用。

②紫心红薯用同样方法压成泥状备用。

③将鲜淮山和紫心红薯加入调味料用力搅拌起胶状备用。

④腰果控油温炸香压成粉状加少许砂糖和切碎的马蹄、菠萝镶入鲜淮山和紫心红薯内搓成丸子入蒸柜蒸10分钟取出摆盘装饰，淋两种不同味（咸、甜）汁即成。

【食疗分析】

山药有健脾益胃、补肾益精、聪耳明目、助五脏、强筋骨、延年益寿的功效。紫心红薯属碱性食物，维护血液的酸碱平衡，防止动脉硬化，防治便秘，减少肠癌的发生。

兰阶添喜

【食疗分析】

铁棍淮山有补中益气、补脾益肾、消渴生津、保健养颜的功效。尤其适合肾虚腰痛、糖尿病、高血压病人食用，有很好的辅助治疗效果。

【缘材理料】

铁棍淮山400克，腰果200克，盐、糖、蘑菇精、酱油膏、生抽、老抽适量。

【开法点示】

①铁棍淮山去皮加少许精盐入蒸柜蒸熟取出，拍适量干淀粉入油锅炸香捞起备用。

②腰果加少许精盐用开水泡软备用。

③锅入少许花生油加入清水、调味料和铁棍淮山、腰果焖5分钟即可装盘。

富士金栗

【食疗分析】

栗子有养胃健脾、补肾壮腰、强筋活血、止血消肿等功效。可防治高血压、冠心病、动脉粥样硬化等。老人食用可抗老防衰、延年益寿。

【缘材理料】

苹果1个，栗子300克，香芋300克，香芹粒10克，青红椒粒10克，椰奶50克。

【开法点示】

①苹果削皮切丁备用。
②栗子煮熟备用。
③香芋去皮切丁入蒸柜蒸熟备用。
④锅留少许花生油爆香姜末加少许清水烧开后放入栗子、香芋、调味料、椰奶稍煮片刻，最后放入苹果丁、香芹粒、青红椒粒装盘即成。

西芹丁200克，鲜核仁200克，鲜百合100克，胡萝卜片30克。

①将所有材料入锅焯水捞起备用。

②锅下少许花生油炒香姜末再放入以上材料翻炒调味勾芡装盘即成。

菩提甘露坊斋菜

140

出类拔萃

【食疗分析】

西芹可平肝降压。核桃是最好的健脑食物，又是神经衰弱的治疗剂。合用有补血、止咳化痰、润肺补肾等功能。常食可起到滋补治虚的作用。

神菇开屏

【食疗分析】

杏鲍菇营养丰富，能提高人体免疫功能，具有抗癌、降血脂、润肠助消化、防止心血管病及美容的作用。佐芦笋增强清热解毒、帮助消化的功效。

【缘材理料】

杏鲍菇500克，芦笋300克。

【开法点示】

①杏鲍菇卤好改刀切片后卷起成形摆盘。

②芦笋入锅过水加少许调味料摆盘。

③锅留少许花生油炒香姜蓉加适量清水、酱油膏、调味料勾芡淋在杏鲍菇上即成。

【缘材理料】

白灵菇400克，西兰花300克，西红柿1个。

【开法点示】

①白灵菇用卤水卤好改刀切片备用。
②西兰花入锅焯水调味装盘备用。
③将切好的白灵菇依次排在西兰花上。
④锅留少许花生油炒香姜末倒入卤汁勾芡淋在白灵菇上即成。
⑤西红柿改刀围盘装饰即可。

【食疗分析】

白灵菇是药食两用品，可消积杀虫、消炎镇咳和防治妇科肿瘤；西兰花可补肾填精、健脑壮骨等。合用适宜久病体虚、脾胃虚弱、心脑血管病、儿童佝偻病、软骨病、骨质疏松病等人群。

 菇里藏花

咖喱香芋卷

【食疗分析】

白菜有养胃生津、除烦解渴、利尿通便、清热解毒之功；香芋可加强益胃、通便、解毒消肿等功效。合用主治胃热口干、瘰疬、便秘等病症。

【缘材理料】

津白菜叶8张，香芋300克，松子50克，马蹄50克，咖喱酱100克。

【开法点示】

①津白菜入锅焯水加少许调味料捞起控干水分备用。

②香芋去皮入蒸柜蒸熟取出压成泥状，再加入马蹄、松子、少许香油揉好放在白菜叶卷好成形入蒸柜蒸10分钟取出装盘待用。

③锅留少许花生油炒香姜末、青红椒粒、香芹粒加少许清水、咖喱酱、椰奶、淡奶调味勾芡淋在白菜卷上即成。

金带雅意

144

【缘材理料】

茄子2条，酥炸粉300克，烧汁300克，青红椒切粒30克，姜末30克。

【开法点示】

①茄子去皮改刀一分为二成4片长形再改花刀刻纹路，撒上少许精盐腌上5分钟备用。

②将腌好的茄子拍酥炸粉入油锅炸熟，捞起待用。

③锅留少许油炒香青红椒粒、姜末再倒入烧汁调味勾薄芡盛起。

④用锡纸将茄子包裹好再倒入烧汁放在烧热的铁板上焗5分钟再淋香油即成。

【食疗分析】

此菜含丰富的维生素P、龙葵碱、维生素E，可保护心血管和抗坏血酸，防治胃癌，可抗衰老。

众善奉行

【食疗分析】

香菇富含钾、钙和核糖类物质。有抑制胆固醇增加、促进血液循环、降压、滋养皮肤及良好的抗癌和预防流感的作用。

【缘材理料】

香菇400克，五香粉100克，酥炸粉200克，炒熟的白芝麻20克，糖醋300克。

【开法点示】

①香菇用清水浸泡约20分钟，泡开后用剪刀从香菇边沿剪至中间成条状加入五香粉、酥炸粉入油锅炸成金黄色起锅控油备用。

②锅烧热加少许花生油炒香姜末倒入糖醋，再加入炸好的香菇翻炒几下盛盘装饰，最后撒上白芝麻即成。

竹笋300克（冬笋或春笋），豆干300克，云耳50克，香菇50克，青红椒片30克，香芹30克，姜末30克，四川豆瓣酱50克，白砂糖30克，蘑菇精30克，酱油膏30克，生抽30克，香油适量，精盐少许。

【开法点示】

①将冬笋切片入锅加精盐、白砂糖焯水备用。

②豆干切成和冬笋相等的片状入油锅炸香备用。

③锅入适量花生油炒香姜末、香菇片、云耳、青红椒片、香芹、豆瓣酱，再放入冬笋、豆干翻炒加以上调味料勾芡即可。

清笋豆干

【食疗分析】

竹笋清热化痰、益气和胃、治消渴、利水道、利膈爽胃；合用营养丰富的豆腐干，可预防心血管疾病，补钙防骨质疏松、促进骨骼发育及助消化、去积食、防便秘。

【食疗分析】

香芋益胃健脾、通便解毒、补益肝肾、调节中气功效较强；少佐松子，增强其润肤美颜、润肠通便、健脾益胃补肾的功效。

无上菩提

【缘材理料】

香芋400克，香菇50克，松子100克，青红椒30克，香芹30克，咖喱膏100克，椰奶50克，淡奶50克，盐、糖适量。

【开法点示】

①香芋去皮切丁入油锅炸熟备用。

②香菇、青红椒、香芹切丁备用。

③锅入少许花生油炒香香菇丁再加少许清水和咖喱膏、椰奶、淡奶放入炸好的香芋丁焖片刻调味，撒上青红椒、香芹和炸好的松子即可。

钵仔焗年糕

【食疗分析】

年糕为温补强壮食品。具有补中益气、健脾养胃、收涩之效，对食欲不佳、腹胀腹泻、尿频、盗汗有较好的食疗效果。

【缘材理料】

年糕400克，大白菜100克，香芹100克，西兰花4小朵，青红椒片各10克，冬菇片20克。

【开法点示】

①年糕切片入锅加少许花生油煎成两面金黄备用。

②大白菜焯水，加入冬菇、香芹、青红椒片翻炒装入盘内再放上煎好的年糕，淋上酱油膏、调味料入蒸柜蒸5分钟取出。

③西兰花加调味料焯水围盘装饰即成。

西山积卷

 【缘材理料】

鲜腐皮4张，鲜支竹200克，香菇50克，云耳50克，五香豆干50克，冬笋50克，金针菇50克，姜50克，酸梅酱100克，白砂糖100克，五香粉100克，酱油膏100克，香麻油100克。

 【开法点示】

①锅入适量清水煮开盛起再加入酱油膏、五香粉、白砂糖、麻油调均匀透凉备用。
②将鲜支竹放入①中浸泡备用。
③香菇、五香豆干、冬笋、生姜切丝入锅炒香调味再放入金针菇拌匀备用。
④鲜腐皮先摊开2张，另2张放入①内捞起铺在前2张鲜腐皮上，再放上浸泡的鲜支竹和香菇丝等材料卷起压实入蒸柜蒸30分钟取出，再放入油锅炸成金黄色切件摆盘淋上酸梅酱即成。

【食疗分析】

腐皮、支竹包裹多种菇、笋类，可强健骨骼、消除脂肪、轻身不老。

【缘材理料】

玉子豆腐4条，五香豆腐干50克，香菇50克，云耳50克，冬笋50克，金针菇50克，香菜梗8条，盐、糖、蘑菇精适量，酱油膏50克，生抽、老抽适量。

【开法点示】

①玉子豆腐从中切段成8份入油锅炸成金黄色备用。

②五香豆腐干、香菇、云耳、冬笋切丝入锅加少许花生油炒香再放入金针菇调味盛起备用。

③将炒好的五香豆腐干、香菇、云耳、冬笋、金针菇用筷子小心酿入炸好的玉子豆腐内用烫过的香菜梗扎好成布袋形状，装盘再放入蒸笼蒸5分钟待用。

④锅入少许清水烧开加入酱油膏、调味料、生抽、老抽勾芡淋在布袋玉子豆腐上即可。

布袋禅机

【食疗分析】

内酯豆腐包酿菇类、云耳等，是高蛋白、低脂肪、高纤维素食品。可降血压、滋养皮肤、促进儿童生长发育、抗癌等，适合"三高"病人及妇女儿童食用。

土豆咖喱

【缘材理料】

土豆400克，香菇100克，支竹100克，青红椒片30克，香芹30克，姜少许，咖喱膏100克，椰奶、花奶适量，精盐、白砂糖、蘑菇精适量。

【开法点示】

①土豆切片入油锅炸熟捞起控油备用。
②锅留少许油炒香姜末、青红椒片、香菇、香芹，再加入适量清水放入土豆、支竹、咖喱膏、椰奶、花奶慢火煮至汁稍干再调味即可。

【食疗分析】

土豆和中养胃、健脾利湿效佳，是胃病和心脏病患者的良药和优质保健品。

紫番薯400克，芝士2片，马蹄50克，菠萝50克，青红椒粒30克，香芹、香菜各20克，糖、盐、蘑菇精、牛奶适量。

①紫番薯去皮切块入蒸柜蒸熟，装盘待用。

②锅入少许花生油炒香马蹄、菠萝，再加入鲜牛奶、芝士片、香芹、香菜、青红椒粒调味勾芡淋在紫番薯上即成。

紫气兆祥

【食疗分析】

紫番薯是维生素的富矿，又是抗癌能手。属碱性食物，有利于维护血液的酸碱平衡；可防治便秘，减少肠癌的发生；减肥美肤、延缓衰老。是女性驻颜美容的食品。

五福临门

【食疗分析】

腰果、核桃、松子等坚果，各种营养成分含量高，热量亦高；加胡萝卜和西芹，可清热生津，泻其多余的热量，补而不腻，是最好的膳食搭配。

【缘材理料】

西芹丁50克，腰果50克，红腰豆50克，胡萝卜50克，鲜核桃仁50克，松子50克，葡萄干50克，姜少许，糖、盐、蘑菇精适量。

【开法点示】

①将腰果、红腰豆洗净入柜蒸熟备用。

②西芹丁、胡萝卜丁、鲜核桃仁焯水备用，松子炸香备用。

③锅入少许花生油炸香姜末再放入以上材料翻炒调味勾芡装盘，撒上葡萄干即可。

鲜汁扣金瓜

【缘材理料】

金瓜400克，姜100克，酱油膏50克，生抽、老抽适量，白砂糖、蘑菇精适量。

【开法点示】

①金瓜去皮改刀切片状并排好加姜末入蒸柜蒸熟备用。

②锅加入少许花生油炒香姜末，加少许清水、酱油膏、生抽、老抽调味勾芡淋在金瓜上即可。

【食疗分析】

金瓜鲜嫩清香，松脆爽口，有补中益气、消炎止痛、解毒杀虫的作用。四季均可食用。

翡翠白玉

【食疗分析】

栗子、山药均有养胃健脾、补肾壮腰、强筋活血、延年益寿的功效。适用腰膝酸软、小便多和慢性腹泻及外伤骨折、淤血肿痛、筋骨痛等症。

【缘材理料】

鲜淮山300克，栗子300克，腰果100克，菠菜200克，糖、盐、蘑菇精适量。

四季养生·冬·养肾

155

【开法点示】

①鲜淮山入蒸柜连皮蒸熟，取出去皮用搅拌机打碎加少许糖、盐、蘑菇精拌均匀备用。

②栗子和腰果同样入蒸柜蒸熟搅碎备用。

③取一碗先填入鲜淮山再放入栗子、腰果入柜蒸10分钟取出反扣盘内待用。（注：在碗内搽少许花生油）

④菠菜入锅焯水用打汁机搅碎，再倒入锅内加调味料勾芡淋在鲜淮山旁边即成。

【缘材理料】

糯米粉500克，澄面200克，盐、五香豆干、香芹、芫荽、水适量，食用油少许。

【开法点示】

①将五香豆干、香芹、芫荽切好备用。
②将糯米粉、澄面放在一起用开水搅稀。
③把五香豆干、香芹、芫荽、盐、食用油放入②。
④把不粘锅烧热，用汤勺把开好的浆放2勺去煎，涂均匀，待浆有点硬的时候翻转把另一面也煎成金黄，再把它切成几个小块上碟即可。

皇庭咸薄撑

【食疗分析】

糯米营养丰富，为温补强壮食品，具有补中益气、健脾养胃、止虚汗之功效，对食欲不佳、腹胀腹泻、气虚自汗有一定的作用。

飘香榴莲酥

【缘材理料】

低筋面粉2100克，高筋面粉500克，油875克，糖200克，薯仔粉（港称）200克。

【开法点示】

①皮：将低筋面粉、高筋面粉放在搅面机中加水搅匀。心：低筋面粉加油搅匀。

②把榴莲搅好备用。

③将搅好的皮、油心取一小部分，再分成几小部分。把油心包入皮里，再用面棍按成一块块，包入榴莲收口，再用小剪刀剪成像榴莲一样的形状。

④把剪好的榴莲放入170℃的油里炸，上碟即可。

【食疗分析】

榴莲具有健脾补气、补肾壮阳的功效，是良好的果品类营养来源；香气馥郁，可开胃促进食欲。病后及妇女产后可用来补养身体。糖尿病患者忌食，肾病和心脏病人慎食。

【缘材理料】

糯米粉500克，澄面30克，糖30克，黑芝麻馅250克，水适量，白芝麻少许。

【食疗分析】

黑芝麻有益肝补肾、养血润燥、乌发美容作用，合用糯米的温补强壮，有防脱发、黑发、抗衰老、防早衰和延年益寿的作用。是极佳的保健美容食品。

雷沙软果

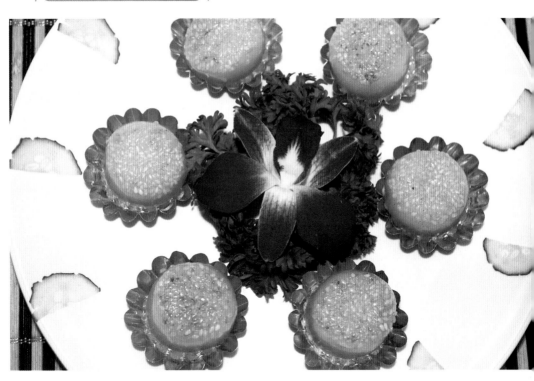

【开法点示】

①把澄面用开水烫熟。

②将烫好的澄面和糖一起放到搅面机或用手搅匀。

③将糯米粉放到搅面机里和澄面一起搅，加适量的水搅匀。

④把搅好的粉团取出一部分，然后再把它分成几小部分，把每一小部分分别包入黑芝麻馅收口，沾上白芝麻蒸熟，再把它煎成两面黄上碟即可。

附录

菩提甘露坊斋菜

160

食物名称	热量 KCal	蛋白质 (g)	脂肪 (g)	糖类 (g)	膳食纤维 (g)	钙 (mg)	磷 (mg)	铁 (mg)	维生素 A (mg)	维生素 B$_1$ (mg)	维生素 B$_2$ (mg)	维生素 C (mg)
苜蓿芽	21	3.7	0.3	2.3	2.0	35	93	1.0	6.7	0.08	0.10	4.0
黄豆芽	37	7.1	0.7	9.3	3.0	29	63	0.8	275	0.01	0.01	13.0
绿豆芽	33	3.1	0.5	5.4	1.7	147	42	0.8	0.0	0.03	0.20	183.6
空心菜	24	1.4	0.4	4.3	2.1	78	37	1.5	378.3	0.01	0.10	14.0
油菜	14	1.5	0.4	1.9	1.3	105	38	1.5	370	0.01	0.06	21.0
菠菜	22	2.1	0.5	3.0	2.4	77	45	2.1	638.3	0.05	0.08	9.0
马齿苋	14	1.2	0.4	1.9	0.4	54	23	1.3	426.7	0.02	0.00	6.8
茼蒿	16	1.8	0.5	1.7	1.6	40	25	3.3	503.3	0.03	0.03	7.0
红苋菜	22	3.0	0.3	3.0	2.6	191	53	12.0	1690	0.01	0.16	21
苋菜	18	2.2	0.6	1.9	2.2	156	54	4.9	214.2	0.03	0.07	15.0
芥菜	19	0.8	0.5	3.4	1.6	98	25	1.4	66.7	0.01	0.05	34.0
芥蓝菜	26	2.4	0.5	3.9	1.9	238	39	1.9	717.5	0.00	0.01	—
芹菜	17	0.9	0.3	3.1	1.6	66	31	0.9	71.7	0.00	0.04	7.0
小白菜	13	1.0	0.3	2.1	1.8	106	37	1.4	236.7	0.01	0.04	40.0
包心白菜	12	1.1	0.2	1.8	0.9	41	35	0.4	5.0	0.01	0.02	19.0
高丽菜	23	1.2	0.3	4.4	1.3	52	28	0.3	5.7	0.02	0.02	33.0
高丽菜芽	33	2.2	1.0	5.0	0.7	69	55	0.7	85.5	0.05	0.07	72.6
莲藕	74	1.8	0.3	17.0	2.7	20	54	0.4	1.7	0.06	0.00	42.0
茄子	25	1.3	0.4	4.7	2.3	18	28	0.4	3.3	0.07	0.03	6.0
甘蓝	23	1.2	0.3	4.4	1.3	52	28	0.3	11.7	0.02	0.02	33.0
雪里红	20	1.5	0.2	3.8	1.9	64	25	0.9	338.3	0.02	0.02	29.0
莴苣	11	0.6	0.3	1.9	0.8	24	28	0.4	0.0	0.02	0.06	2.0
花椰菜	23	2.0	0.1	4.2	2.2	28	36	0.4	1.2	0.03	0.02	73.0
金针菜	32	1.8	0.4	6.2	2.5	19	38	0.3	495	0.03	0.05	28.0
牛蒡	98	2.5	0.7	21.8	6.7	46	95	0.9	3.3	0.04	0.03	4.0
胡萝卜	38	1.1	0.5	7.8	2.6	30	52	0.4	9980	0.03	0.04	4.0
白萝卜	21	0.8	0.2	4.5	1.3	27	13	0.2	0.0	0.01	0.02	18.0
竹笋	22	2.1	0.2	3.8	2.3	7	41	0.3	0.0	0.04	0.06	3.0
芦笋	27	2.3	0.2	4.9	1.9	11	48	0.6	81.7	0.16	0.07	16.0
茭白笋	22	1.5	0.2	4.3	2.1	4	43	0.3	0.7	0.09	0.03	6.5
马蹄	79	2.0	0.1	18.8	2.1	4	64	0.7	4.7	0.00	0.02	7.0
甜椒	25	0.8	0.2	5.5	2.2	11	26	0.4	36.7	0.03	0.03	94.0
南瓜	64	2.4	0.2	14.2	1.7	9	42	0.4	874.2	0.12	0.03	3.0
冬瓜	13	0.5	0.2	2.6	1.1	6	25	0.2	0.0	0.01	0.02	25.0
苦瓜	18	0.8	2.0	3.7	1.9	24	41	0.3	2.3	0.03	0.02	19.0
胡瓜	17	0.9	0.2	3.4	0.9	16	13	0.2	28.3	0.00	0.02	8.0
丝瓜	17	1.0	0.2	3.4	0.6	10	26	0.2	0.0	0.00	0.02	6.0
葫芦瓜	20	0.5	0.3	4.1	1.3	16	16	0.2	2.6	0.00	0.04	22.0
豌豆	167	12.1	0.50	30.6	8.6	44	191	2.5	39.2	0.07	0.06	1.0
芦荟	4	0.1	0.4	0.2	1.4	36	2	0.1	0.0	0.00	0.00	1.5
木耳	35	0.9	0.2	7.7	6.5	33	17	1.1	0.0	0.00	0.05	0.0
金针菇	41	2.2	0.5	8.0	2.9	0	108	0.9	0.0	0.06	0.18	—
香菇	40	3.4	0.4	7.0	3.9	3	86	0.6	0.0	0.02	0.14	0.2

（续表）

食物名称	热量 KCal	蛋白质 (g)	脂肪 (g)	糖类 (g)	膳食纤维 (g)	钙 (mg)	磷 (mg)	铁 (mg)	维生素 A (mg)	维生素 B₁ (mg)	维生素 B₂ (mg)	维生素 C (mg)
草菇	34	3.8	0.4	5.4	2.7	4	124	1.5	0.0	0.05	0.26	0.2
鱼腥草	46	3.2	0.9	7.7	1.9	79	48	8.4	459.8	0.01	0.01	41.5
薄荷	55	3.1	0.6	10.9	7.5	424	123	7.5	2266.7	0.01	0.13	63.9
香椿	99	4.3	1.5	19.4	5.9	514	126	3.7	1222.5	0.12	0.04	255.0
山药	73	1.9	2.2	12.8	1.0	5	32	0.3	0.0	0.03	0.02	4.2
甘薯	124	1.0	0.3	28.6	2.4	34	53	0.5	1520	0.07	0.03	13.0
马铃薯	81	2.7	0.3	16.5	1.5	3	48	0.5	0.0	0.07	0.03	25.0
芋头	128	2.5	1.1	26.4	2.3	28	64	0.9	6.7	0.03	0.02	8.8
嫩薑	21	0.0	0.3	4.8	1.4	14	22	0.4	3.3	0.00	0.01	11.0
辣椒	61	2.2	0.2	13.7	6.8	16	55	7.4	370	0.17	0.15	141.0
紫菜	229	27.1	Tr	40.5	11.7	183	382	90.4	42.3	0.42	0.40	0.0
海带	16	0.7	0.2	3.3	3.0	87	8	0.2	37.5	0.00	0.00	—
番茄	26	0.9	0.2	5.5	1.2	10	20	0.3	84.2	0.02	0.02	21.0
柑橘	40	0.5	0.2	10.2	1.7	24	15	0.2	66.7	0.09	0.10	31.0
柳橙	43	0.8	0.2	10.6	2.3	32	21	0.2	0.0	0.06	0.04	38.0
橘子	32	0.7	0.2	7.6	2.2	68	15	0.3	21.7	0.01	0.04	38.0
酪梨	58	1.1	0.7	13.5	2.5	8	27	0.4	64.2	0.01	0.02	12.0
柠檬	32	0.8	0.3	7.5	1.0	33	24	0.2	0.0	0.04	0.02	27.0
青玉苹果	45	0.5	0.3	11.4	1.8	5	10	0.1	9.7	0.00	0.02	2.5
青龙苹果	53	0.3	0.3	13.7	1.6	5	12	0.1	356.7	0.00	0.01	2.0
杧果	55	0.6	0.5	13.6	0.8	5	12	0.3	57.1	0.04	0.05	26.0
葡萄	57	0.7	0.2	14.7	0.5	4	16	0.2	0.0	0.04	0.00	4.0
西瓜	25	0.6	0.1	6.0	0.3	4	23	0.3	126.7	0.02	0.01	8.0
香瓜	30	0.6	0.2	7.5	0.6	7	16	0.2	20.0	0.01	0.04	18.0
哈密瓜	31	0.7	0.2	7.6	0.8	14	14	0.2	118.3	0.03	0.01	20.0
李子	57	0.5	0.1	15.0	1.6	5	18	0.2	33.3	0.01	0.01	3.0
水蜜桃	43	0.8	0.2	10.7	1.5	4	19	0.2	73.3	0.00	0.04	4.0
桃子	47	1.2	0.7	10.3	2.4	9	26	0.4	6.7	0.00	0.04	11.0
樱桃	71	0.9	0.4	18.0	1.5	15	20	0.3	1.2	0.01	0.05	12.0
杨桃	35	0.8	0.2	8.6	1.1	2	11	0.2	1.3	0.03	0.02	26.0
枣子	46	1.2	0.2	11.1	1.8	8	20	0.2	5.0	0.02	0.02	45.0
石榴	67	1.7	0.1	16.8	4.6	15	40	0.4	1.3	0.05	0.04	15.0
木瓜	51	0.8	0.1	13.4	1.7	18	10	0.2	40.7	0.03	0.41	74.0
百香果	66	2.2	2.4	10.7	5.3	5	50	0.7	161.7	0.00	0.10	32.0
奇异果	53	1.2	0.3	12.8	2.4	26	35	0.3	16.7	0.00	0.01	87
火龙果	50	1.1	0.2	12.5	1.7	4	27	0.3	0.0	0.00	0.03	7.0
枇杷	32	0.3	0.2	8.1	1.2	11	9	0.1	131.7	0.01	0.05	2.0
荔枝	59	1.0	0.3	14.8	1.3	11	27	0.4	0.0	0.01	0.06	51.0
龙眼	73	1.3	0.9	16.9	1.1	5	25	0.2	0.0	0.01	0.12	88
龙眼干	273	4.8	1.3	68.3	2.5	72	153	1.5	0.0	0.03	0.00	0.4
莲雾	34	0.5	0.2	8.6	1.0	4	10	0.1	0.0	0.01	0.02	17.0
香蕉	91	1.3	0.2	23.7	1.6	5	22	0.3	2.3	0.03	0.02	10.0
柿子	68	0.5	0.2	18.0	4.7	10	14	0.1	52.8	0.01	0.00	46.0
草莓	39	1.1	0.2	9.2	1.8	14	35	0.5	3.3	0.01	0.06	66.0

食物名称	热量 KCal	蛋白质 (g)	脂肪 (g)	糖类 (g)	膳食纤维 (g)	钙 (mg)	磷 (mg)	铁 (mg)	维生素 A (mg)	维生素 B₁ (mg)	维生素 B₂ (mg)	维生素 C (mg)
凤梨	46	0.9	0.2	11.6	1.4	18	8	0.2	5.1	0.06	0.02	9.0
甘蔗	51	0.6	0.9	11.5	0.3	—	—	—	0.0	0.02	0.01	1.3
白芝麻	591	18.9	53.3	19.7	9.2	81	666	8.4	0.0	1.05	0.16	1.2
黑芝麻	545	18.1	47.2	21.6	16.8	1456	531	24.5	0.0	0.84	0.25	1.2
花生	553	28.6	43.2	22.6	7.0	92	389	29.5	0.7	0.55	0.08	0.0
核桃（生）	685	15.3	71.6	8.2	5.5	74	393	2.8	5.6	0.47	0.11	1.0
腰果（生）	568	19.9	46.0	28.0	3.0	38	541	6.3	0.5	0.71	0.13	0.0
南瓜子	603	28.3	47.1	17.6	5.2	40	981	12.2	2.6	0.15	0.14	0.0
葵瓜子	560	26.8	39.3	25.8	4.4	45	726	8.6	0.0	0.92	0.22	1.2
松子（生）	683	16.5	70.5	8.7	4.9	12	620	4.2	1.4	0.56	0.10	4.8
杏仁	639	24.4	52.3	19.2	35.5	133	538	4.9	0.0	0.08	0.40	0.1
莲子	321	23.8	1.0	56.6	8.3	166	667	1.7	0.0	0.01	0.02	1.0
红枣	252	3.2	0.3	59.5	7.7	50	70	1.7	0.0	0.09	0.12	1.0
黑枣	254	2.7	0.2	60.9	10.8	67	53	24	0.0	0.06	0.15	1.0
传统豆腐	88	8.5	3.4	6.0	0.6	140	111	2.0	0.0	0.08	0.04	0.0
嫩豆腐	51	4.9	2.7	2.0	0.8	13	73	1.3	0.0	0.09	0.04	0.0
豆腐皮	198	25.3	8.8	4.5	0.6	62	391	4.7	0.2	0.11	0.07	0.4
豆豉	228	20.5	10.0	14.5	6.8	144	177	12.2	4.0	0.06	0.35	0.0
毛豆	125	14.0	3.1	12.5	4.9	38	189	2.5	17.5	0.34	0.09	16.0
红豆	332	22.4	0.6	61.3	12.3	115	493	9.8	0.0	0.43	0.10	2.4
绿豆	342	23.4	0.9	62.2	2.9	141	362	6.4	9.5	0.76	0.11	14.3
黄豆	384	35.9	15.1	32.7	15.8	217	494	5.7	0.0	0.71	0.17	0.0
豆浆	64	2.7	1.6	10.0	3.0	11	35	0.4	0.0	0.02	0.01	0.0
黑豆	371	34.6	11.6	37.7	18.2	178	423	4.3	341.4	0.65	0.18	0.0
黑豆浆	39	1.1	0.6	7.4	0.1	3	15	0.2	0.0	0.01	0.01	3.2
小米	372	11.5	4.6	70.1	2.6	6	127	2.7	0.0	0.52	0.15	0.3
大麦	367	9.3	3.0	74.2	15.3	33	180	2.4	0.0	0.36	0.08	0.6
小麦	361	14.3	2.8	68.4	11.3	9	116	3.1	0.0	0.40	0.10	0.4
小麦胚芽	414	29.8	11.1	49.6	8.9	42	1054	3.8	5.8	2.41	0.34	0.0
麦片	406	11.0	7.5	74.3	2.1	468	524	11.1	839	1.42	4.15	50.9
全麦面粉	358	13.0	1.7	71.1	5.7	8	213	2.4	0.0	0.18	0.05	18.7
高筋面粉	359	13.4	1.1	72.3	1.2	17	52	1.1	0.0	0.10	0.03	0.0
中筋面粉	359	12.1	1.4	72.8	0.8	17	43	0.7	0.0	0.12	0.12	0.0
低筋面粉	362	8.4	1.2	77.4	1.1	18	56	0.8	0.0	0.22	0.04	0.0
面筋（干）	638	44.4	51.6	—	—	27	28	2.2	3.0	0.01	0.03	—
白土司	299	9.4	7.5	49.0	2.2	26	119	1.1	13.5	0.12	0.10	5.6
全麦土司	290	10.4	6.4	48.1	3.2	20	156	1.2	1.0	0.27	0.13	0.0
玉米	111	3.8	1.9	19.4	4.6	2	77	0.6	2.4	0.07	0.09	6.0
糙米	364	7.9	2.6	75.6	3.3	6	536	2.6	0.8	0.48	0.05	2.0
黑糯米	362	10.9	3.6	70.1	0.9	6	310	2.6	1.9	0.58	0.10	10.3
米粉	357	0.4	0.3	88.7	1.9	2	224	1.7	0.0	0.00	0.00	—
燕麦	410	10.3	10.3	68.7	12.0	11	424	4.4	0.0	0.53	0.07	23.5
荞麦	366	11.6	3.2	71.4	3.5	6	305	2.7	1.6	0.50	0.13	9.9
薏仁	382	14.3	5.0	68.9	16.9	47	278	3.4	0.0	0.44	0.06	—

蔬菜的四性五味

祖国传统医学认为，作为自然生长的蔬菜具有四性五味的功效。

1. 蔬菜五味功效

祖国传统医学把酸、苦、甘、辛、咸五种不同的味道称为"食物五味"。

蔬菜的五味是指酸、苦、甘、辛、咸，对应人体的五脏，即肝、心、脾、肺、肾，不论是食物本身的味道，还是佐料，都会对五脏起不同作用。五味食物虽各有好处，但食用过多或不当也有负面影响，要依据不同体质来食用。如体质本属燥热的人，辛味食得太多，便会发生咽喉痛、长暗疮等情形。

苦味蔬菜的功效：苦味的功效是泄热、除燥。例如，苦瓜味苦性寒，用苦瓜炒菜，佐餐食用，即取其苦能有清泄之用，达到清热、明目、解毒的目的，常吃对于热病烦渴、中暑、目赤、疮疡肿毒等症极为有利。对应器官：心。禁忌：多食易消化不良，胃病患者宜少食。主要蔬菜：苦瓜、芥蓝。

甘味蔬菜的功效：甘味的功效是补益、和中、缓急。多以此滋补强身，治疗人身五脏气、血、阴、阳任何一方之虚症，同时也可用来缓和拘急疼痛等症状。对应器官：脾。禁忌：多食易发胖，糖尿病患者宜少食或不食。主要蔬菜：玉米、甘红薯。

辛味蔬菜的功效：辛味的功效是宣散和行气血。辛味的食物，如用葱、辣椒、姜、大蒜、萝卜等配合其他药物或食物，制成饮料；有时用其鲜汁，像常用的姜糖饮、青橄榄饮、鲜姜汁、鲜萝卜汁等治疗风寒感冒、感冒咽痛、胃寒呕吐、胃痛等症，皆取其辛味宣散之效。对应器官：肺。禁忌：多食会伤津液，导致便秘、火气大。

酸味蔬菜的功效：生津养阴，如胃酸不足、皮肤干燥可多食酸味调节。对应器官：肝。禁忌：多食易伤筋骨。

咸味蔬菜的功效：通便补肾。对应器官：肾。禁忌：多食会造成血压升高、血液凝滞。

淡味蔬菜的功效：利尿、治水肿。禁忌：无湿性症状者慎用。

2. 各味常用蔬菜归类

（1）食味为甘性的蔬菜：黑木耳、白木耳、丝瓜、瓠瓜、冬瓜、黄瓜、南瓜、蘑菇、白菜、黄花菜、洋白菜、芹菜、蕹菜、蕨菜、菠菜、荠菜、茄子、西红柿、茭白、白萝卜、胡萝卜、洋葱、竹笋、芋头等。

（2）食味为苦性的蔬菜：苦菜、苦瓜、薤白、慈姑、百合、槐花、大头菜、香椿等。

（3）食味为辛性的蔬菜：辣椒、花椒、白萝卜、大头菜、芹菜、韭菜、芥菜、香菜、油菜、生姜、葱、洋葱、大蒜、茴香等。

　　（4）食味为咸性的蔬菜：苋菜、海带、紫菜等。

　　（5）食味为酸性的蔬菜：豆类、种子类。

　　（6）食味为淡性的蔬菜：冬瓜、薏仁等。

 蔬菜的归经

1. 蔬菜归经的概要

　　按中医学说，归经是指食物对于机体某些部位具有的特殊作用，把食物的作用与脏腑经络联系起来。如说某种食物主入某脏腑、兼入某脏腑，就是说这种食物的主要作用范围和次要作用的范围。经络有其特定的循行路线和其连属的脏腑。如白木耳有止咳作用入肺经；南瓜健脾开胃入脾经；香椿等有健腰作用入肾经；芹菜、莴苣有降血压、平肝阳作用入肝经等。

2. 蔬菜归经的分类

　　（1）归心经的蔬菜：芹菜、辣椒、慈姑、苦瓜、瓠瓜等。

　　（2）归肝胆经的蔬菜：茼蒿、黄花菜、枸杞菜、马兰头、西红柿、丝瓜、油菜、荠菜、香椿、韭菜、慈姑、旱芹、槐花等。

　　（3）归肺经的蔬菜：白木耳、蘑菇、慈姑、薤白、茼蒿、竹笋、芦笋、生姜、葱、芥菜、香菜、荽瓜、洋葱、大蒜、白萝卜、胡萝卜、芹菜、瓠瓜、冬瓜、花椒、山药、马兰头等。

　　（4）归脾经的蔬菜：荠菜、大头菜、芋头、南瓜、胡萝卜、辣椒、花椒、大蒜、生姜、香菜、苦菜、茄子、西红柿、荽瓜、油菜、山药等。

　　（5）归胃经的蔬菜：南瓜、黄瓜、苦瓜、茄子、芹菜、白菜、包心菜、蕹菜、韭菜、香椿、莴苣、大蒜、葱、白萝卜、胡萝卜、芋艿、土豆、生姜、马兰头、苜蓿、黑木耳、白木耳、香蕈、蘑菇等。

　　（6）归肾经的蔬菜：香椿、韭菜、花椒、黄花菜、山药、大蒜、荠菜、枸杞菜等。

　　（7）归膀胱经的蔬菜：白菜、冬瓜等。

　　（8）归小肠经的蔬菜：苋菜、苜蓿、黄瓜等。

　　（9）归大肠经的蔬菜：白菜、蕹菜、菠菜、芥菜、莴苣、竹笋、土豆、冬瓜、苋菜、茄子、黑木耳、蘑菇等。

1. 各类虚症与补养蔬菜

（1）血虚症：体内血液亏虚不足，脏腑组织失于濡养，临床表现为面色苍白或萎黄、指甲淡白、头晕眼花、手足发麻、心悸失眠等症候。常见于心悸、虚劳、眩晕、长期发热、月经不调、崩漏、闭经、不孕，以及西医的营养不良、造血功能障碍、慢性消耗性疾病、神经衰弱或出血性疾病等。

心主血，肝藏血，心肝两脏与血的关系最为密切。若心血虚，可见心悸、失眠、多梦；肝血虚则表现为眩晕、耳鸣、视物模糊、手足震颤等。

补血虚的蔬菜有：黑木耳、胡萝卜、菠菜等。

（2）气虚症：气虚症是因机体脏腑功能衰退、元气不足引起，多见于久病体弱、老年、虚老等多种情况。

气虚症的临床表现以神疲乏力、少气懒言、呼吸气短、语声低微，或头晕目眩、自汗、活动后诸症加重、舌质淡、脉虚细无力等为主。根据虚损脏腑的不同，又可分为心气虚、肺气虚、脾气虚、肝气虚、肾气虚等症。

补气的蔬菜有：淮山药、马铃薯、胡萝卜、黑木耳、香蕈等。

（3）阳虚症：阳虚症是肌体阳气不足的症候，主要表现有：形寒肢冷、面色苍白、神疲乏力、自汗、口淡不渴、尿清长、大便稀溏、舌质淡、脉弱。以脏腑虚损来分，有心阳虚、脾阳虚、肾阳虚等。

①心阳虚：因心之阳气不足，虚寒内生，临床以胸闷胸痛、心悸冷汗、恶寒肢冷为主要表现之证。常见于心悸、胸痹、奔豚气及西医的心律失常、冠心病、充血性心力衰竭、休克等疾病。

②脾阳虚：因脾阳亏虚，温化不足，出现脘腹冷痛、肢冷、泄泻为主要表现之证。常见于泄泻、痢疾、胃脘痛、水肿，以及西医的慢性胃炎、慢性肠炎、溃疡病、慢性肾炎等疾病。

③肾阳虚：肾脏阳气不足，温煦功能减弱，临床以腰膝酸软、畏寒肢冷、阳痿早泄等为主要表现之证。常见于哮喘、泄泻、虚劳、水肿、癃闭、阳痿、带下，以及西医的慢性肾炎、慢性肾衰竭、慢性肠炎、肾上腺皮质机能减退、慢性心衰等疾病。

滋补阳气的蔬菜有：枸杞菜、韭菜等。

（4）阴虚症：阴虚症是肌体阴液亏损的症候，主要的临床表现有：午后潮热、盗汗、颧红、咽干、手足心热、小便短黄、舌红少苔、脉细数等。按虚损脏腑的不同又可分为心阴虚、肺阴虚、肝阴虚、肾阴虚等症。

①心阴虚：心阴不足，心失所养，临床以心悸、失眠、心烦为主要表现之证。可见于心悸、怔忡、虚劳、不寐、盗汗，以及西医的心律失常、神经官能症、贫血、甲状腺功能亢进、结核病等疾病。

②肺阴虚：临床以干咳、潮热、盗汗、颧红为主要表现之证。常见于咳嗽、失音、咯血、肺痨、肺痿、热病后期，以及西医的支气管炎、支气管扩张、肺炎、肺结核等疾病。

③肝阴虚：是由肝脏阴液亏虚不足所导致的以头晕耳鸣、胁肋隐痛、烦热目涩等为主要临床表现之证。多见于中风、失眠，以及西医的高血压病、脑出血、脑血栓形成、肝炎、肝硬化等疾病。

④肾阴虚：由肾脏阴液不足，肾滋养及濡润功能减弱，临床以腰膝酸痛、耳鸣多梦为主要表现之证。常见于遗精、消渴、虚劳、尿血、血淋，及西医的慢性肾炎、肾盂肾炎、肾衰竭、慢性肝炎、神经衰弱、肝硬化、糖尿病、肺结核等疾病。

养阴的蔬菜有：菠菜、黑木耳、白木耳、大白菜等。

2. 其他各症与补养蔬菜

（1）有美容功效的蔬菜：山药、黄瓜等。

（2）有聪耳功效的蔬菜：芥菜、荸荠、山药、蒲菜等。

（3）有明目功效的蔬菜：蒲菜、芥菜、苋菜、菊花脑、苦瓜、大头菜、胡萝卜、甘薯、山药、枸杞菜等。

（4）有健齿功效的蔬菜：莴苣、甘蓝、菠菜、银耳、海带、青豆、豇豆、蒲菜等。

（5）有开胃功效的蔬菜：韭菜、芫荽、辣椒、胡萝卜、白萝卜、葱、姜、蒜等。

（6）有安神（指使精神安静、利睡眠等）功效的蔬菜：山药等。

（7）有增智功效的蔬菜：黑木耳、银耳、金针菜、芹菜、番茄、蒲菜、菘菜、香菇、菠菜、甘蓝、胡萝卜、山药等。

（8）有醒酒功效的蔬菜：白菜心、萝卜丝、泡菜、竹笋、冬瓜、地瓜、豌豆苗、藕等。

（9）有壮阳功效的蔬菜：刀豆、菠萝、韭菜等。

（10）有清热功效的蔬菜：

发散风热：豆豉等。

清热泻火：蕨菜、苦菜、苦瓜、百合、茭白、西瓜等。

清热生津：番茄、荸荠等。

清热燥湿：香椿等。

清热凉血：黑木耳、蕹菜、芹菜、丝瓜、藕、茄子等。

清热解毒：苦瓜、蓟菜、南瓜等。

清热解暑：苦瓜、番茄等。

清化热痰：白萝卜、冬瓜子、荸荠、紫菜、海藻、海带等。

（11）有止咳功效的蔬菜：小白菜、生姜、洋葱等。

（12）有消食功效的蔬菜：萝卜等。

（13）有通便功效的蔬菜：菠菜、竹笋、番茄、胡萝卜、葱等。

（14）有驱风湿功效的蔬菜：辣椒、香葱等。

（15）有驱肠寄生虫功效的蔬菜：大蒜等。

（16）有活血功效的蔬菜：油菜、慈姑、茄子等。

（17）有止血功效的蔬菜：黄花菜、黑木耳、茄子、莴苣、藕等。

（18）治疗呃逆的蔬菜有：刀豆、韭菜等。

（19）有止泻功效的蔬菜：苋菜、韭菜、香椿、山药、蒜等。

（20）治疗哮喘的蔬菜：冬瓜、山药、蘑菇等。

（21）治疗咯血的蔬菜：藕、大蒜、萝卜、银耳、石耳等。

（22）治疗便血的蔬菜：丝瓜、菠菜、银耳等。

（23）有降血压功效的蔬菜：菊花脑、茭瓜、大蒜、旱芹、胡萝卜、冬瓜、番茄、荸荠、淡菜、芹菜、菠菜等。

（24）有降血脂功效的蔬菜：芹菜、洋葱、韭菜、大蒜、香菇等。

（25）有利尿消肿功效的蔬菜：荸荠苗、蚕豆及蚕豆衣、生姜皮、莴苣、洋生姜、冬瓜、黄瓜、芹菜、苹果、桑葚、紫菜等。

（26）血尿患者宜选食的蔬菜：冬瓜、荠菜、马齿苋、芹菜、金针菜、韭菜、大蒜、藕等。

（27）妇女白带多宜选食的蔬菜：大蒜、桑葚、芹菜、扁豆、豇豆、淡菜等。

（28）夜盲症宜选食的蔬菜：甘薯、菠菜、马兰头、胡萝卜、地耳、南瓜等。

日常宜多吃的蔬菜

香菇

干菜之王是香菇，它除含有多种营养成分，还含有特殊物质"香菇多糖"，能显著增强机体对肿瘤的免疫力，甚至可以使小肿瘤（微小癌）完全消失。还含有一种叫蘑菇核糖核酸的物质，能刺激机体产生一种干扰素，可干扰带病毒的蛋白质合成，使病毒不能繁殖，从而增强人体对其他有害物质的抵抗力。

海带

海带有"海里之蔬"的美称，又被誉为"含碘冠军"，是一种长寿食品。海带被公认为抗癌食物。海带中的褐藻酸钠盐和褐藻氨酸，有预防白血病、骨痛病、动脉出血和高血压的作用。它可以有效地降低颅内压、眼内压，减轻脑水肿、脑胀肿，因而对乙型脑炎、急性青光眼以及各种原因引起的脑水肿等病症，有良好的防治效果。

西红柿

西红柿被人们誉为蔬菜中的维生素仓库，可见其所含维生素的全面丰富。西红柿是含维生素D（路丁）最丰富的蔬菜之一，所含维生素C和烟酸的量，在蔬菜中也名列榜首。西红柿对治坏血病有效。番茄素有助消化利尿之功，对肾病康复有益，对高血压、眼底出血均有治疗作用。

菠菜

菠菜因含有酶Q10，并含有丰富的维生素E，因而有抗衰老和增加青春活力的作用。此外，菠菜中所含的物质成分有促进胰腺分泌的功能，会加速胰岛素的分泌，可以帮助消化和辅助治疗糖尿病。由于菠菜同时含有大量的铁和维生素C以及胡萝卜素，而维生素可以促进人体吸收利用所含的铁，使其吸收率达50%，因而对于缺铁性贫血的妇女及体弱病人极为有利。

芹菜

芹菜最适宜于预防高血压、动脉硬化和降低胆固醇，有保护小血管的作用。芹菜还含有维生素P，具有保护与增加小血管抵抗力，防止脑血管破裂，降低血黏度和抗血栓的作用。吃芹菜不要丢弃菜叶，芹菜叶中的胡萝卜素要比茎和叶柄的含量高80多倍，比维生素C高出17倍，比维生素P高出13倍，比钙盐高出2倍。

黑木耳

黑木耳因含铁量高，具有养血、活血的作用，可治疗产后虚弱、贫血等症。木耳含有较多的胶质，有润肺和清涤胃肠的功能。黑木耳还有明显的抗血凝作用，可以抑制血小板凝聚，防止冠心病和心脑血管中其他的疾病。木耳含有抗癌物质，对肿瘤有抑制作用。

萝卜

民间有"萝卜赛人参"之说。萝卜含有芥子油，这种芥子油对人体有益无害，它在萝卜中的酶的作用下，能促进肠道蠕动，从而可将肠道中有害物质迅速从体内排出，对于增进食欲，预防消化道肿瘤有很大帮助。

胡萝卜

胡萝卜素是胡萝卜所含的一种极重要的营养物质。胡萝卜与脂肪共炒后，其中的胡萝卜素可以转化为维生素A或者到人体内转化为维生素A。维生素A缺乏者，会出现皮肤粗糙、眼干，易患夜盲症，身体抵抗力差，易发生呼吸系统和泌尿系统疾病。胡萝卜含有大量的木质素，也有提高机体抗癌免疫力的功效。胡萝卜还含有一种能降低血糖的物质，是糖尿病患者的佳蔬良药。